MATLAB程序设计与应用基础教程

（第3版）

张岳◎编著

清华大学出版社

北京

内 容 简 介

本书详尽介绍了 MATLAB 的基本功能和应用方法,内容包括 MATLAB 的运行环境、矩阵与数值计算、MATLAB 图形绘制、MATLAB 程序设计、图形用户界面设计、Simulink 动态仿真环境以及 MATLAB 在线性控制系统、智能控制系统、电路及电力电子系统、数字信号处理系统中的应用。

本书内容丰富,由浅入深,阐述透彻,层次分明,篇幅简练,系统性和应用性强,所有相关程序都上机验证通过,且每章附有小结和习题,使本书更具有可教学性和可自学性,此外 MATLAB 课程设计任务书可以提高读者对 MATLAB 软件的应用能力。

本书可作为本、专科院校理工科学生学习 MATLAB 的教材,也可作为工程技术人员学习 MATLAB 的参考资料。

图书在版编目(CIP)数据

MATLAB 程序设计与应用基础教程/张岳编著.—3 版.—北京:清华大学出版社,2022.6(2025.1重印)
ISBN 978-7-302-60759-5

Ⅰ.①M… Ⅱ.①张… Ⅲ.①Matlab 软件-程序设计-教材 Ⅳ.①TP317

中国版本图书馆 CIP 数据核字(2022)第 074580 号

责任编辑:王剑乔
封面设计:刘 键
责任校对:刘 静
责任印制:丛怀宇

出版发行:清华大学出版社
　　　　　网　　　址:https://www.tup.com.cn,https://www.wqxuetang.com
　　　　　地　　　址:北京清华大学学研大厦 A 座　　　邮　　　编:100084
　　　　　社 总 机:010-83470000　　　　　　　　　　邮　　　购:010-62786544
　　　　　投稿与读者服务:010-62776969,c-service@tup.tsinghua.edu.cn
　　　　　质量反馈:010-62772015,zhiliang@tup.tsinghua.edu.cn
　　　　　课件下载:https://www.tup.com.cn,010-83470410
印 装 者:北京鑫海金澳胶印有限公司
经　　销:全国新华书店
开　　本:185mm×260mm　　　印　　张:13.5　　　字　　数:326 千字
版　　次:2011 年 8 月第 1 版　2022 年 6 月第 3 版　　印　　次:2025 年 1 月第4次印刷
定　　价:49.00 元

产品编号:092760-01

MATLAB 语言是集数值计算、符号运算、可视化建模、仿真和图形处理等功能于一体的高级计算机语言,它具有很好的开放性,用户可以根据自己的需求,利用 MATLAB 提供的基本工具,灵活地编制和开发自己的程序。这使 MATLAB 在众多领域里得到广泛的应用。

MATLAB 从产生时起,就得到国内外许多院校师生和科研人员的关注、应用和开发。Moler 博士等一批数学家和软件专家成立了 Mathsworks 软件开发公司,对 MATLAB 进行了大规模扩展与改进。许多学者对 MATLAB 进行了自主开发,并将其以工具箱的形式加入 MATLAB 总体环境。目前的 MATLAB 已增加了许多专用工具箱,如有限元分析、控制系统、系统辨识、信号处理、鲁棒控制、μ 分析与综合、模糊控制、神经网络、小波分析、定量反馈理论、多变量频域设计等工具箱。

在国内,MATLAB 语言也得到越来越多院校师生和科研、工程技术人员的青睐,在教学、科研、工程技术中得到应用,成为大学生、研究生必须掌握的基本技能之一。

Simulink 是 MATLAB 软件的扩展,是用来对动态系统进行建模、仿真和分析的软件包,是面向系统结构图、非常方便的仿真工具,它使一个复杂系统模型的建立和仿真变得简单和直观。近年来,Simulink 已经在学术和工业等领域得到广泛应用。

本书作者将十几年的 MATLAB 理论教学、研究和实际编程经验进行系统总结,参考以往出版的 MATLAB 专著和教材,根据 MATLAB 应用前景和潜能,精心编写了本书。

本书以实例形式详细介绍了 MATLAB 的基本功能和常用命令,系统全面地帮助读者了解 MATLAB 的强大功能,深入领悟和掌握 MATLAB 的使用方法和编程技巧。为学生掌握、运用 MATLAB 语言打下良好基础。本科、专科学生在校期间,可以用 MATLAB 完成线性代数、自动控制理论、数字信号处理、时间序列分析、动态系统仿真、图像处理等内容的工程计算以及系统分析、设计和仿真。

本书在编写过程中,充分考虑到该课程的教学课时数有限(计划 40~50 学时),而 MATLAB 内容丰富的特点,以及当前学生的知识水平和能力结构的现状,力求做到理论知识"少而精,够用为度",注重培养学生解决实际问题的应用能力,为培养应用型人才奠定基础。

本书既可以作为大专院校计算机专业及其他相关专业的教材,也可以作为各种基础课程和控制类等专业的辅助性教科书。自本书第 1 版发行以来,得到广大读者的关心与帮助,在此向广大读者致以深切的谢意。

第3版保留了第1、2版中理论教学部分,增加了"MATLAB课程设计任务"部分,读者在掌握本书内容的基础上可以具备二次开发的能力,以便自主编程,进行更为广泛深入的研究和工程设计工作。

总之,第3版既考虑到教材的实用性、系统性,又兼顾了 MATLAB 仿真技术的发展和应用的需要,对原版教材由浅入深、循序渐进地做了补充,希望得到读者的认可。

第3版教材仍由辽宁科技学院张岳编写完成。在第3版编写过程中,编著者借鉴了一些优秀的 MATLAB 教材,同时,得到辽宁科技学院王立福同学的大力支持和帮助,在此表示由衷的感谢。

由于编著者水平有限,书中难免存在不足和疏漏之处,恳请广大读者批评、指正。

编著者

2022 年 3 月

课件和习题答案

MATLAB 语言是集数值计算、符号运算、可视化建模、仿真和图形处理等功能于一体的高级计算机语言,它具有很好的开放性,用户可以根据自己的需求,利用 MATLAB 提供的基本工具,灵活地编制和开发自己的程序,使 MATLAB 在众多领域里得到广泛应用。

MATLAB 从产生时起,就得到国内外许多院校师生、科研人员的关注、应用和开发。Moler 博士等一批数学家和软件专家成立了 MathWorks 软件开发公司,对 MATLAB 进行了大规模的扩展与改进。许多学者对 MATLAB 进行了自主开发,以工具箱的形式加入 MATLAB 总体环境。目前的 MATLAB 已增加了许多专用工具箱,如有限元分析、控制系统、系统辨识、信号处理、鲁棒控制、μ 分析与综合、模糊控制、神经网络、小波分析、定量反馈理论、多变量频域设计等工具箱。

在国内,MATLAB 语言也得到越来越多院校师生和科研、工程技术人员的青睐,在教学、科研、工程技术中得到应用,成为大学生、研究生必须掌握的基本技能之一。

Simulink 是 MATLAB 软件的扩展,是用来对动态系统进行建模、仿真和分析的软件包,是面向系统结构图的方便的仿真工具,使一个复杂系统模型的建立和仿真变得简单和直观。近年来,Simulink 已经在学术和工业等领域得到广泛应用。

本书作者将十几年的 MATLAB 理论教学、研究和实际编程经验进行系统总结,参考以往出版的 MATLAB 专著和教材,根据 MATLAB 应用前景和潜能,精心编写了本书。

本书以实例形式详细介绍了 MATLAB 的基本功能和常用命令,系统、全面地帮助读者了解 MATLAB 的强大功能,深入领悟和掌握 MATLAB 的使用方法和编程技巧。为学生掌握、运用 MATLAB 语言打下良好基础。本科、专科学生在校期间,可以用 MATLAB 完成线性代数、自动控制理论、数字信号处理、时间序列分析、动态系统仿真、图像处理等内容的工程计算以及系统分析、设计和仿真。

本书在编写过程中,充分考虑到该课程的教学时数有限(计划 40～50 学时),而 MATLAB 内容丰富的特点,以及当前学生的知识水平和能力结构的现状,力求做到理论知识"少而精,够用为度",注重培养学生解决实际问题的应用能力。

本书既可以作为大专院校计算机专业及其他相关专业的教材,也可以作为各种基础课程和控制类等专业的辅助性教科书。自本书发行以来,得到广大读者的关心与帮助,在此向广大读者致以深切的谢意。

第 2 版除保留了原版中理论教学部分外,还增加了"图形用户界面设计"部分,读者在掌握本书内容的基础上可以具备二次开发的能力,以便自主编程,进行更为广泛深入的研究和工程设计工作。

　　总之,第 2 版既考虑到教材的实用性、系统性,又兼顾了 MATLAB 仿真技术的发展和应用的需要,希望得到读者的认可。

　　第 2 版仍由辽宁科技学院张岳编写。在编写过程中借鉴了一些院校有关 MATLAB 教材,在此向教材的作者们表示由衷的感谢。

　　由于作者水平有限,书中难免存在不足和疏漏之处,恳请广大读者批评指正。

编　者

2016 年 3 月

MATLAB 软件是由美国 New Mexico 大学的 Cleve Moler 博士首创,全名为 Matrix Labortory(矩阵实验室)。它建立在 20 世纪七八十年代流行的 LINPACK(线性代数计算)和 ESPACK(特征值计算)软件包的基础上。MATLAB 是伴随 Windows 环境的发展而迅速发展起来的。它充分利用了 Windows 环境的交互性、多任务功能和图形功能,创建了以 C 语言为基础的 MATLAB 专用语言,使复杂的矩阵运算、数值运算变得简单、直观。

MATLAB 语言是集数值计算、符号运算、可视化建模、仿真和图形处理等功能于一体的高级计算机语言,它具有很好的开放性,用户可以根据自己的需求,利用 MATLAB 提供的基本工具,灵活地编制和开发自己的程序,使 MATLAB 在众多领域得到了广泛应用。

MATLAB 从产生时起,就得到国内外许多院校师生、科研人员的关注、应用和开发。Moler 博士等一批数学家和软件专家成立了 MathWorks 软件开发公司,对 MATLAB 进行了大规模的扩展与改进。许多学者对 MATLAB 进行了自主开发,以工具箱的形式加入 MATLAB 总体环境。目前的 MATLAB 已增加了许多专用工具箱,如有限元分析、控制系统、系统辨识、信号处理、鲁棒控制、μ 分析与综合、模糊控制、神经网络、小波分析、定量反馈理论、多变量频域设计等工具箱。

在国内,MATLAB 语言也得到越来越多院校师生和科研、工程技术人员的青睐,在教学、科研、工程技术中得到应用,成为大学生、研究生必须掌握的基本技能之一。

Simulink 是 MATLAB 软件的扩展,是用来对动态系统进行建模、仿真和分析的软件包,是面向系统结构图的方便的仿真工具,使一个复杂系统模型的建立和仿真变得简单和直观。近年来,Simulink 已经在学术和工业等领域得到广泛应用。

本书作者将十几年的 MATLAB 理论教学、研究和实际编程经验进行系统总结,参考以往出版的 MATLAB 专著和教材,根据 MATLAB 应用前景和潜能,精心编写了本书。

本书以实例形式详细介绍了 MATLAB 的基本功能和常用命令,系统、全面地帮助读者了解 MATLAB 的强大功能,深入领悟和掌握 MATLAB 的使用方法和编程技巧,为学生掌握、运用 MATLAB 语言打下良好基础。本科、专科学生在校期间,可以用 MATLAB 完成线性代数、自动控制理论、数字信号处理、时间序列分析、动态系统仿真、图像处理等内容的工程计算以及系统分析、设计和仿真。

本书在编写过程中,充分考虑该课程的教学时数有限(计划 40～50 学时),而 MATLAB 内容丰富的特点,以及当前学生的知识水平和能力结构的现状,力求做到理论知识"少而精,够用为度",注重培养学生解决实际问题的应用能力。

本书既可以作为应用型本科、高职高专院校计算机专业及其他相关专业的教材,也可以作为各种基础课程和控制类等专业的辅助性教科书。在掌握本书内容的基础上,读者可以具备二次开发的能力,以便自主编程,进行更为广泛深入的研究和工程设计工作。

　　本书由辽宁科技学院张岳编写。在编写过程中借鉴了一些院校有关 MATLAB 教材,在此向这些教材的作者表示由衷的感谢。

　　由于作者水平有限,书中难免存在不足和疏漏之处,恳请广大读者批评指正。

编　者

2011 年 4 月

CONTENTS **目** **录**

chapter 1

MATLAB概述

1.1　MATLAB 简介

　　MATLAB 全称为 Matrix Laboratory(矩阵实验室),是由美国 MathWorks 公司于 1982 年开发的功能强大的科学及工程计算软件,它集数值计算、符号运算、可视化建模、仿真和图形处理等多种功能于一体,构成了一个方便的、界面友好的用户环境。

　　MATLAB 最初由美国 New Mexico 大学的 Cleve Moler 用 Fortran 语言编写,主要用于矩阵运算,经过多年的发展,它的功能逐渐强大起来。现在 MATLAB 是由 MathWorks 公司用 C 语言开发的,是面向 21 世纪的计算机程序设计及科学计算语言。

　　目前,随着 MATLAB 版本不断提升,它的许多功能都得到了进一步改善,包括工具箱(ToolBox)的各模块的拓展。例如,在数值处理方面,增加许多新函数,更新了部分函数的功能和算法;在外部接口方面,增加 Java 接口,并为二者的数据交换提供了相应的程序库;对部分工具箱的功能进行了改进和加强,增加了虚拟现实工具箱,采用标准的虚拟现实建模语言技术,实现三维动态功能。另外,MATLAB 还可以与 Fortran 和 C 语言混合编程,进一步扩充其功能,这里不一一赘述。

　　由于 MATLAB 的强大功能、灵活性好、可信度高,再加上它本身比较简单易学,使其广泛被高校学生、科研人员和工程技术人员采用,掌握 MATLAB 将给学习和工作带来巨大的便捷,可以大大提高工作效率和质量。

　　MathWorks 公司的网址是 www.mathworks.com,读者可以随时访问该网站,浏览、跟踪 MATLAB 的最新资源。

　　本书以 MATLAB R2020b 版为版本,全面介绍 MATLAB 的功能和使用方法。

1.2　MATLAB 用户界面概述

1.2.1　MATLAB 的启动与退出

MATLAB 的启动有以下几种方法。

方法 1：如果 MATLAB 的可执行文件已经放置到 Windows 系统桌面上，直接双击桌面上的 MATLAB 图标即可。

方法 2：在下载的 MATLAB 文件夹中，双击 matlab.exe 可执行文件。

启动成功后，出现如图 1-1 所示的 MATLAB 默认操作桌面。

退出 MATLAB 的方法有以下两种。

方法 1：单击图 1-1 所示的 MATLAB 操作窗口右上角的"关闭"按钮 X 。

方法 2：在 MATLAB 的"命令行"窗口中键入 quit 或 exit 后，再按 Enter 键。

1.2.2   MATLAB 的组成及功能

MATLAB 支持许多操作系统，提供了大量的平台独立措施。在一个平台上编写的程序，在其他平台上也可以正常运行；在一个平台上编写的数据文件，在其他平台上也可以编译。因此，用户可以根据需要把 MATLAB 编写的程序移植到新平台。其中，MATLAB 的开发环境是 MATLAB 语言的基础和核心部分，MATLAB 语言的全部功能都是在 MATLAB 开发环境中实现的，MATLAB 的仿真工具 Simulink、MATLAB 的工具箱等其他附加功能的实现也必须使用 MATLAB 开发环境，因此，掌握 MATLAB 的开发环境是掌握 MATLAB 语言的关键。

首次启动 MATLAB 后，进入 MATLAB 的默认操作桌面，如图 1-1 所示。MATLAB 操作桌面主要由选项卡面板、"当前文件夹"窗口、"工作区"窗口和"命令行"窗口组成，当 MATLAB 运行时，有许多类型的窗口，有的用于接收命令，有的用于显示信息。其中，"命令行"窗口、"图像"窗口、"编辑/调试"窗口是 3 个比较重要的窗口，它们的作用分别为输入命令、显示图形、允许用户创建和修改 MATLAB 程序。

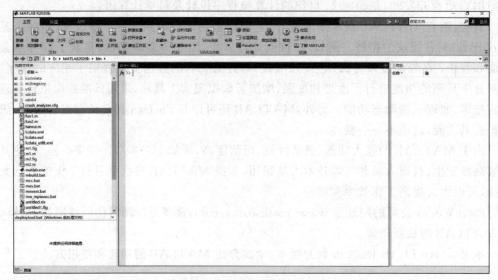

图 1-1   MATLAB 操作桌面

1. "命令行"窗口

"命令行"窗口保留了 MATLAB 传统版本的交互式操作功能，在"命令行"窗口中可以直接输入命令或 MATLAB 函数,再按 Enter 键运行,系统将自动运行并显示反馈信息或结果。在"命令行"窗口中,MATLAB 的提示符为">>",表示 MATLAB 处于准备状态。单击"命令行"窗口右上角的 ⊙ 按钮,在弹出的快捷菜单中选择"取消停靠"命令,可以使"命令行"窗口脱离主窗口而成为一个独立的窗口,如图 1-2 所示。在该窗口中选中某一表达式,然后右击,弹出如图 1-3 所示的快捷菜单,选择不同的命令可以对选中的表达式进行相应的操作。

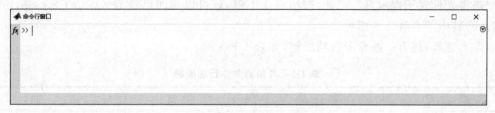

图 1-2 "命令行"窗口

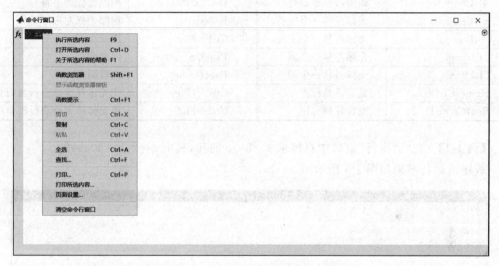

图 1-3 "命令行"窗口的快捷菜单

【例 1-1】 在"命令行"窗口直接输入 $5+6\times\sin\dfrac{\pi}{6}$,然后按下 Enter 键会有什么结果?请实际操作。

程序及运行结果如图 1-4 所示。

命令行窗口
```
>> 5+6*sin(pi/6)%这是一个简单的算式

ans =

    8

>>
```

图 1-4 例题 1-1 的运行

从图 1-4 中可以看到,ans 是系统自动给出的,除了便于区别于运算结果外,还可以作为变量使用;百分号"%"表示注释,百分号后面的文字为语句注释,注释语句不能执行;同时程序运行结束后,MATLAB 的提示符">>"不会消失,表示 MATLAB 仍处于准备状态。

如果将该例题改为 $5+6\times\sin\dfrac{\pi}{3}$ 时,不必再逐一重新输入,可以采用简便的操作方式,即只需将光标置于提示符">>"处,按动一次 ↑ 键,就可以调回已经输入的 $5+6*\sin(\text{pi}/6)$ 内容,将其中的 6 改为 3 即可。

除 ↑ 键外,还有一些命令行功能键,如表 1-1 所示。

表 1-1　常用的命令行功能键

按　　键	功　　能	按　　键	功　　能
↑,Ctrl+P	调出前一命令行	Esc	清除命令行
↓,Ctrl+N	调出后一命令行	Del,Ctrl+D	删除光标处字符
←,Ctrl+B	光标左移一个字符	Backspace	删除光标左边字符
→,Ctrl+F	光标右移一个字符	Ctrl+K	删除至行尾
Ctrl+←	光标左移一个词	PageUp	向前翻页
Ctrl+→	光标右移一个词	PageDown	向后翻页
Home,Ctrl+A	光标移到行首	Ctrl+Home	把光标移到命令行窗口首
End,Ctrl+E	光标移到行尾	Ctrl+End	把光标移到命令行窗口尾

【例 1-2】　在"命令行"窗口中直接求 a+b+c 的和,其中 a=2,b=6,c=3。

程序及运行结果如图 1-5 所示。

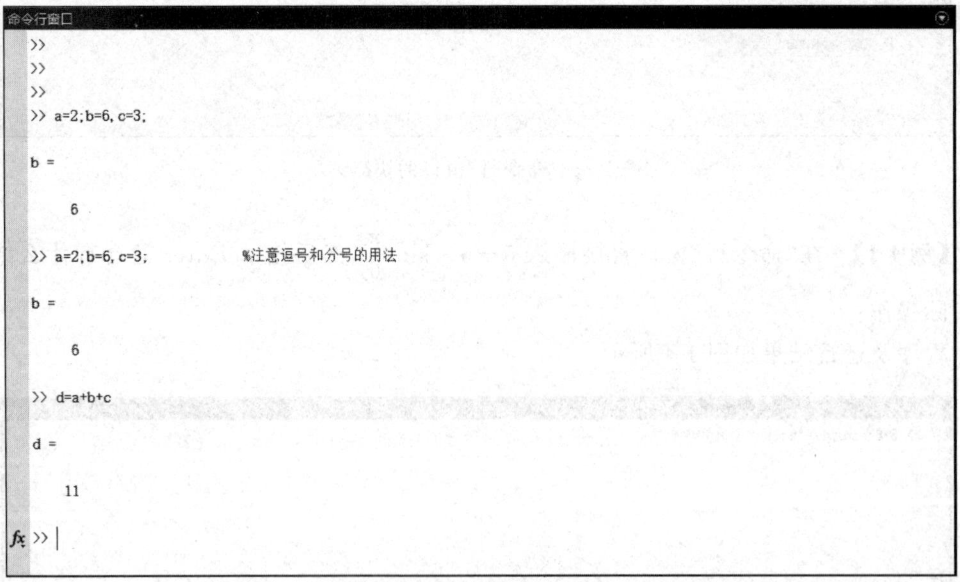

图 1-5　例 1-2 的运行

从图 1-5 中可以清楚地看到,多条命令可以放在同一行,中间用逗号或分号隔开;不需要显示结果时,可以在语句后面加";"。另外,指定变量后系统不再自动提供 ans 变量。

2. MATLAB 的"当前文件夹"窗口

在"当前文件夹"窗口中不仅可以显示或改变当前文件夹,还可以显示当前文件夹下的文件。"当前文件夹"窗口采用树状菜单结构,列出了 MATLAB 及各工具箱中可以执行的程序、说明书和网页等资源(如系统控制工具箱、数据库工具箱等),用户可以直接从"当前文件夹"窗口进入选定的项目。"当前文件夹"窗口实际上是由文本写成的 M 文件,扩展名为.xml,包括标题、调用程序、图标等信息,用户也可以自行编辑(如将标题改为中文等)。"当前文件夹"窗口还具有搜索功能。与"命令行"窗口类似,"当前文件夹"窗口也可以成为一个独立的窗口,如图 1-6 所示。

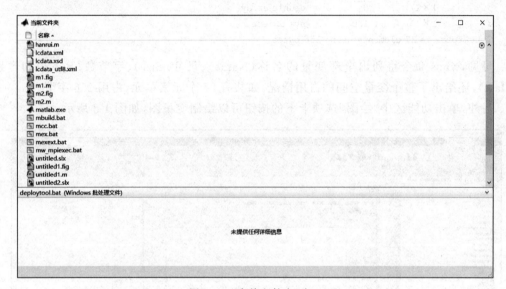

图 1-6　"当前文件夹"窗口

3. MATLAB 的"工作区"窗口

"工作区"窗口是 MATLAB 的一个变量管理中心,它显示目前内存中所有 MATLAB 变量的变量名、数据结构、字节数及类型等信息,不同的变量类型对应不同的变量名图标,如图 1-7 所示。

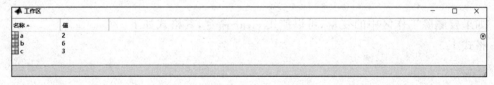

图 1-7　"工作区"窗口

如果想查看工作空间中有哪些变量名,则可以使用 who 命令来完成;如果想了解这些变量的具体细节,则可以使用 whos 命令来查看。

【例 1-3】　有 3 个工作空间变量,a 是一个字符串,b 是一个 4×3 的矩阵,c 是一个常数,d 是一维符号表达式。

在"命令行"窗口输入 who，输出显示结果为：

```
>> who
Your variable are :
a b c d
```

在"命令行"窗口输入 whos，输出为：

```
>> whos
Name      Size      Bytes     Class
a         1×7       14        char array
b         4×3       96        double array
c         1×1       8         double array
d         1×1       138       sym object
Grand total is 27 elements using 256 bytes
```

可见，whos 命令将列出全部变量的名称（Name）、尺寸（Size）、字节数（Bytes）和类别（Class），还给出了整个变量空间的占用情况，如共有 27 个元素单元，占用 256 字节。

另外，单击功能区中"绘图"选项卡下的按钮可以绘制变量图，如图 1-8 所示。

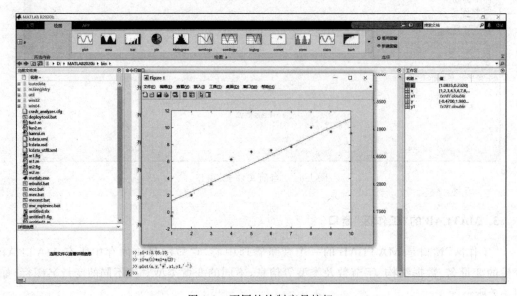

图 1-8　不同的绘制变量按钮

如果要删除工作区中的变量，可以使用 clear 命令，其格式如下。

格式 1：

```
clear
```

格式 2：

```
clear var1,war2...
```

其中，var1、war2 是要删除的变量名。clear variables 命令或 clear 命令用于清除当前工作区中的所有变量。

1.2.3　MATLAB 的在线帮助及功能演示

随着 MATLAB 版本的不断更新，MATLAB 的帮助文档也在逐步改进，为了使用户更好地、熟练地掌握 MATLAB 有关知识，MATLAB 提供了功能丰富的在线帮助系统，用户可以随时通过多种方法获得帮助信息。其中最简单的方法就是在"命令行"窗口中直接输入 help 命令或 lookfor 命令。

【例 1-4】 显示指数函数命令 exp 详细信息。

在 MATLAB 的"命令行"窗口中输入 help exp，系统就会显示命令函数 exp 相关的帮助信息。

```
>> help exp
```

系统显示结果为：

```
exp - 指数
    此 MATLAB 函数为数组 X 中的每个元素返回指数 ex. 对于复数元素 z = x + iy,它返回以下复指数
    Y = exp(X)
    另请参阅 expint, expm, expm1, log, log10, mpower, power
    exp 的文档
    名为 exp 的其他函数
```

另外，当希望查找某函数又无法准确知道其函数名称时，还可以使用 lookfor 命令，它可以方便地解决这个问题。用户只需在"命令行"窗口中输入 lookfor＋该函数的关键字，就很方便地搜索到与关键字有关的函数或命令。

【例 1-5】 使用 lookfor 命令，查找以 riccati 为关键字的相关命令的信息。

在"命令行"窗口中输入以下命令：

```
>> lookfor riccati
```

系统显示的结果为：

```
are        - Algebraic Riccati Equation solution.
dric       - Discrete Riccati equation residual calculation.
ric        - Riccati residual calculation.
dareiter   - Discrete-time algebraic Riccati equation solver.
hinfric    - Riccati-based H-infinity synthesis.
aresolv    - Continuous algebraic Riccati equation solver (eigen & schur).
daresolv   - Discrete algebraic Riccati equation solver (eigen & schur).
driccond   - Discrete Riccati condition numbers.
riccond    - Continuous Riccati equation condition numbers.
care       - Solve continuous-time algebraic Riccati equations.
dare       - Solve discrete-time algebraic Riccati equations.
gcare      - Generalized solver for continuous algebraic Riccati equations.
gdare      - Generalized solver for discrete algebraic Riccati equations.
icare      - Implicit solver for continuous-time Riccati equations.
idare      - Implicit solver for discrete-time Riccati equations.
are        - Algebraic Riccati Equation solution.
dric       - Discrete Riccati equation residual calculation.
```

```
ric             - Riccati residual calculation.
dareiter        - Discrete-time algebraic Riccati equation solver.
hinfric         - Riccati-based H-infinity synthesis.
aresolv         - Continuous algebraic Riccati equation solver (eigen & schur).
daresolv        - Discrete algebraic Riccati equation solver (eigen & schur).
driccond        - Discrete Riccati condition numbers.
riccond         - Continuous Riccati equation condition numbers.
care            - Solve continuous-time algebraic Riccati equations.
dare            - Solve discrete-time algebraic Riccati equations.
gcare           - Generalized solver for continuous algebraic Riccati equations.
gdare           - Generalized solver for discrete algebraic Riccati equations.
icare           - Implicit solver for continuous-time Riccati equations.
idare           - Implicit solver for discrete-time Riccati equations.
```

在 MATLAB 中还提供了一些简单的演示范例,包括数值与矩阵运算、模糊逻辑、神经元控制、鲁棒控制、最优控制、非线性系统等,这些范例形象地描述了 MATLAB 的使用方式和计算结果。

读者可以选择 MATLAB 主界面中"帮助"菜单下的"示例"命令,或者在 MATLAB 的"命令行"窗口中直接输入 helpwin、helpdesk 或 doc,打开 MATLAB"帮助"窗口。"帮助"窗口不仅可以显示帮助文本,还可以提供帮助导航功能。帮助导航提供了 5 个选项卡,即文档、示例、函数、模块和 App。其中,"文档"选项卡中提供了 MATLAB 和所有工具箱在线文档的内容列表;"示例"选项卡提供了诸如基本矩阵运算、使用 FFT 进行频谱分析等 MATLAB 演示示例;"函数"选项卡提供了 MATLAB 演示函数命令的接口;"模块"选项卡提供了诸如积分、微分和 PID 控制器模块等 MATLAB 演示功能模块的接口。读者可以通过"示例"选项卡打开演示范例来学习,演示范例窗口如图 1-9 所示。

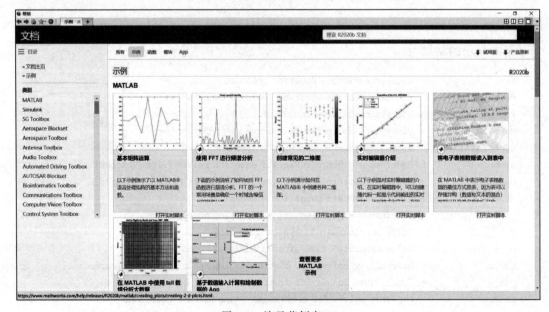

图 1-9　演示范例窗口

小结

本章围绕 MATLAB 的开发环境，较详细地介绍了 MATLAB 的基本概念、组成、功能，特别是对 MATLAB"命令行"窗口的使用特点进行了详细介绍，使用户对 MATLAB 的开发环境有一个系统的、全面的了解，为今后熟练掌握 MATLAB 的使用方法和编程技巧奠定基础。

习题

1.1　与其他计算机语言相比，MATLAB 语言突出的特点是什么？

1.2　MATLAB 系统的启动和退出方法有哪些？

1.3　MATLAB 系统由哪些部分组成？

1.4　MATLAB 操作桌面有几个窗口？ 如何使某个窗口脱离桌面成为独立窗口？

1.5　"当前文件夹"窗口的功能是什么？

1.6　"工作区"窗口的功能是什么？

1.7　MATLAB 中有几种获得帮助的途径？

1.8　who 和 whos 命令有什么不同之处？

1.9　分别使用 help 命令和 lookfor 命令查找 plot 函数的帮助信息。

1.10　在 MATLAB"命令行"窗口的提示符下键入命令 demo，运行 MATLAB 的演示程序，领略 MATLAB 语言的基本功能。

chapter 2

MATLAB矩阵及其运算

MATLAB 的量分为变量与常量，它们是 MATLAB 语言基础之一，所以，在介绍 MATLAB 的矩阵概念前，有必要先介绍一下 MATLAB 的变量与常量的概念。

2.1　变量与常量

2.1.1　变量

与其他计算机语言一样，MATLAB 也有变量名规则，其变量名规则如下。

（1）变量名的第一个字符必须是英文字符，其后可以是任意字母、数字或下划线。

（2）变量名区分字母大小写，如 A 和 a 分别代表两个不同的变量，这在 MATLAB 编程时要加以注意。

（3）变量名最多不超过 19 个字符，第 19 个字符以后的字符将被 MATLAB 忽略。例如 abcdefghilmnopqrstuvwxyz，MATLAB 只能识别 abcdefghilmnopqrst。

（4）标点符号在 MATLAB 中具有特殊含义，所以变量名中不允许使用标点符号。

（5）函数名必须用小写字母。

（6）MATLAB 编程中使用的字符变量和字符串变量的值需要加引号，如"绘图命令"。

需要注意的是，用户如果在对某个变量赋值时，该变量已经存在，系统则会自动使用新值代替旧值。

【例 2-1】　在 MATLAB 环境下说明变量 a 的变化。

在 MATLAB 的"命令行"窗口中直接输入下面命令：

```
>> a = 4;
>> a = 8
```

结果显示：

```
a =
    8
```

【例2-2】 在MATLAB环境下显示字符变量和字符串变量。

在MATLAB的"命令行"窗口中直接输入下面命令：

```
>> a = 'A'
```

结果显示：

```
a =
    A
```

输入命令：

```
>> b = 'abcdef'
```

结果显示：

```
b =
    abcdef
```

2.1.2 常量

在MATLAB中，规定了几个特殊变量，它们已经被赋予了特定的值，这些特殊变量被称为常量，如表2-1所示。

表2-1 MATLAB的部分常量

常量名	说 明	常量名	说 明
ans	用于结果的默认变量名	pi	圆周率 π
eps	误差容限	nargin	所有函数的输入变量数目
i 或 j	虚数单位	nargout	所有函数的输出变量数目
inf	无穷大 1/0	realmin	最小可用正实数
NaN	不定量 0/0	realmax	最大可用正实数

表2-1中的这些常量在MATLAB启动后，自动赋予表中取值。如果定义相同的变量名，原始的特殊值将被取代。一般来说，应当避免将特殊变量作为一般变量处理。

【例2-3】 求在MATLAB环境下特殊变量pi的值。

在MATLAB的"命令行"窗口中直接输入下面的特殊变量。

```
>> pi
ans =
    3.1416
```

【例2-4】 在MATLAB的"命令行"窗口中直接输入i或j，结果会怎样？如果将i或j作为变量，结果又会怎样？

程序设计及运行结果如下：

```
>> i
ans =
        0 + 1.0000i
>> j
ans =
        0 + 1.0000i
```

```
>> i = 100
i =
    100
>> j = 50
j =
    50
```

【例 2-5】　在 MATLAB 环境下求 1/0 的值。

在 MATLAB 的"命令行"窗口中直接输入下面的值。

```
>> 1/0
Warning: Divide by zero.
ans =
    Inf
```

由此可见,MATLAB 给出用户警告信息,同时用 Inf 代替无穷大。

由上述例题可以看出,MATLAB 语言最基本的赋值语句为:

变量名 = 表达式

其中,等号左边的变量名为 MATLAB 语句的返回值,等号右边为定义的表达式,它可以是 MATLAB 允许的矩阵运算或者包含 MATLAB 下的函数调用。

2.2　函数

MATLAB 为用户提供了丰富且功能各异的函数,包括数学函数和特殊函数,用户可以调用这些函数进行数据处理。

2.2.1　基本数学函数

MATLAB 所支持的数学函数如表 2-2 所示。

表 2-2　数学函数

命　令	功能说明	命　令	功能说明
abs(x)	绝对值或复数的模	log10(x)	常用对数 lgx
sign(x)	取 x 的符号	log2(x)	以 2 为底的对数 $\log_2 x$
sqrt(x)	取 x 的平方根	conj(x)	复数共轭
exp(x)	指数 e^x	imag(x)	复数虚部
log(x)	自然对数 lnx	real(x)	复数实部

【例 2-6】　已知 $a=1-2i$,求在 MATLAB 环境下所表示 a 的实部、虚部和幅值。

程序设计及运行结果如下:

```
>> a = 1 - 2i;
>> real(a)
ans =
    1
```

```
>> imag(a)
ans =
    - 2
>> abs(a)
ans =
    2.2361
```

【例 2-7】　在 MATLAB 环境下分别求 25、−10 的 abs、sign、sqrt 的值。

程序设计及运行结果如下：

```
>> x = 25;
>> abs(x)
ans =
    25
>> sign(x)
ans =
    1
>> sqrt(x)
ans =
    5
>> y = - 10;
>> abs(y)
ans =
    10
>> sign(y)
ans =
    - 1
>> sqrt(y)
ans =
        0 + 3.1623i
```

本例题也可以用下面的程序实现。

```
>> x = [25  - 10];
>> a = abs(x)
a =
    25    10
>> b = sign(x)
b =
    1    - 1
>> c = sqrt(x)
c =
    5.0000                    0 + 3.1623i
```

2.2.2　三角函数与反三角函数

MATLAB 提供了十分完整的三角函数与反三角函数，并针对数、向量、矩阵等进行的有关三角函数运算。不过这里需要注意的是，MATLAB 对所有三角函数及其基本运算均采用"弧度"操作。MATLAB 支持的常见三角函数与反三角函数如表 2-3 所示。

表 2-3　三角函数与反三角函数

命　令	功　能　说　明	命　令	功　能　说　明
sin(x)	正弦函数	sech(x)	双曲正割
cos(x)	余弦函数	csch(x)	双曲余割
tan(x)	正切函数	asin(x)	反正弦函数
cot(x)	余切函数	acos(x)	反余弦函数
sec(x)	正割函数	atan(x)	反正切函数
csc(x)	余割函数	acot(x)	反余切函数
sinh(x)	双曲正弦	asec(x)	反正割函数
cosh(x)	双曲余弦	acsc(x)	反余割函数

【例 2-8】 设计一个程序,求出一个周期的正弦函数及其余弦函数的值。

程序设计及运行结果如下:

```
>> x = 0:2 * pi;
>> y1 = sin(x)
y1 =
        0     0.8415     0.9093     0.1411     - 0.7568     - 0.9589     - 0.2794
>> y2 = cos(x)
y2 =
   1.0000     0.5403     - 0.4161     - 0.9900     - 0.6536     0.2837     0.9602
```

【例 2-9】 求从 0 开始每隔 15°取值至 90°的正弦函数值,然后再对其值求反正弦函数。

程序设计及运行结果如下:

```
>> x = 0:15:90;
>> a = sin(x. * pi/180)
a =
        0     0.2588     0.5000     0.7071     0.8660     0.9659     1.0000
>> b = asin(a). * 180/pi
b =
        0     15.0000     30.0000     45.0000     60.0000     75.0000     90.0000
```

2.3　数组与矩阵

MATLAB 主要是处理矩阵,即使是常数,也可以看作 1×1 阶的矩阵。但是,数组与矩阵输入形式在书写方法上具有一定的相似性。只是在计算时两者有很大的差别,所以,有必要弄清数组与矩阵之间的区别,这对于掌握 MATLAB 是十分重要的。

2.3.1　数组

在 MATLAB 中,数组与矩阵毫无差异,但是,它们代表完全不同的两种变量。矩阵具有行与列的概念,其运算是数组中对应元素的运算,这可以通过运算符上加以辨别。

2.3.2　矩阵

在 MATLAB 中,矩阵的构成包括以下要素。

（1）整个矩阵用"[]"括起来。

（2）矩阵各元素间使用空格或","分隔。

（3）矩阵的行与行间用";"或回车符区别。

（4）矩阵在 MATLAB 中是按先列后行的方式储存。

（5）矩阵元素可以是数值、变量、表达式或函数。

（6）矩阵的尺寸不必预先定义。

矩阵运算应符合矩阵运算规则。

2.4　矩阵的创建

在 MATLAB 中,矩阵的创建方法有许多种,下面介绍几个常用的方法。

2.4.1　"命令行"窗口直接输入

在 MATLAB 的"命令行"窗口直接输入矩阵是最方便、简洁的矩阵创建方法,只要遵守矩阵创建的原则,直接输入矩阵元素,如果不希望显示结果,在命令行的最后加上分号";"即可,这同样适用于 MATLAB 的所有操作,包括程序设计。另外,多条命令可以放在同一行,中间用逗号或分号隔开。

【例 2-10】　在"命令行"窗口中创建矩阵 $\begin{bmatrix} 1 & 2 & 3 \\ 4 & 5 & 6 \\ 7 & 8 & 9 \end{bmatrix}$。

在"命令行"窗口中直接输入以下命令:

```
>> x = [1 2 3;4 5 6;7 8 9]
```

按下 Enter 键,即可执行,其运行结果为:

```
x =
    1    2    3
    4    5    6
    7    8    9
```

【例 2-11】　在"命令行"窗口中创建带运算表达式的矩阵,不显示结果。

在"命令行"窗口中直接输入以下命令:

```
>> x = [sin(pi/3) + 2 cos(pi/3);log(30) exp(2)];
```

系统创建一个 2×2 阶的矩阵,但没有在"命令行"窗口中显示结果。

2.4.2　通过 M 文件创建矩阵

当矩阵的尺寸比较大时,直接在"命令行"窗口输入矩阵元素就很不方便,容易出现错误且不便修改。为了解决这个问题,可以先将矩阵按矩阵创建原则写入一个 M 文件,在 MATLAB 的"命令行"窗口或程序中直接执行该 M 文件。M 文件是文本文件,可以使用一般文本编辑器编辑 M 文件,并且以文本形式存储。此外,MATLAB 内部自带 M 文件编辑器/编译器,可以单击"新建脚本"按钮进入 M 文件编辑器/编译器。在进行代码编辑时,可以用不同颜色来显示注释、关键词、字符串和一般程序代码,输入完成后,可以对 M 文件进行调试、运行。

2.4.3 利用 MATLAB 函数创建矩阵

对于一些特殊的矩阵,可以利用 MATLAB 的内部函数或自定义函数创建矩阵。

【例 2-12】 创建 0~2π 间的余弦函数矩阵。

在"命令行"窗口中输入:

```
> x = 0:pi/4:2 * pi;
```

表示创建了 0~2π、间隔为 π/4 的自变量,然后输入:

```
>> y = cos(x)
```

得到 0~2π、间隔为 π/4 的余弦函数值。

```
y =
  Columns 1 through 7
    1.0000    0.7071    0.0000   - 0.7071   - 1.0000   - 0.7071   - 0.0000
  Columns 8 through 9
    0.7071    1.0000
```

2.4.4 通过外部数据文件的导入创建矩阵

实际上,MATLAB 可以处理的数据格式很多,如 ASCII 码的格式文件、MATLAB 的 . mat 数据文件、Excel 的数据表 . xls 文件以及图像文件和声音文件。这些文件在工作空间中都是以矩阵形式存储的。这样,既可以在 MATLAB"命令行"窗口或通过编制程序调入各种文件创建矩阵,也可以通过 MATLAB 提供的功能强大的数据导入向导(Import Wizard)调入各种数据创建矩阵。

在以上创建矩阵的方法中,在"命令行"窗口直接输入矩阵的方法是最简单、最常用的创建数值矩阵的方法,它比较适合创建较小的简单矩阵。

2.5 矩阵与数组的运算规则

MATLAB 的运算符可以分为以下三大类别。

1. 算术运算符

算术运算符是用来进行相关的数学运算,如加、减、乘、除四则运算以及乘方等。

2. 关系运算符

关系运算符是进行数值或矩阵的大小比较。

3. 逻辑运算符

逻辑运算符是进行相关的逻辑运算,如"与""或""非"等运算。

现在分别介绍 MATLAB 的三大类别的运算符。

2.5.1 算术运算符

算术运算符是构成算术运算的最基本的操作命令,可以在 MATLAB 的"命令行"窗口 (Command Window)中直接运算。常用的算术运算符如表 2-4 所示。

表 2-4 算术运算符

符 号	功 能 说 明	符 号	功 能 说 明
+	相加	—	相减
*	矩阵相乘	.*	数组相乘
^	矩阵乘方	.^	数组乘方
\	左除	.\	数组左除
/	右除	./	数组右除

【例 2-13】 已知 $a=1+2i, b=3+4i$,求解 $c=a+b$。

程序设计及运行结果如下:

```
>> a = 1 + 2i;
>> b = 3 + 4i;
>> c = a + b
c =
   4.0000 + 6.0000i
```

再将该例题改为 $d=a-b$,结果如何?

```
>> a = 1 + 2i;
>> b = 3 + 4i;
>> d = a - b
d =
  - 2.0000 - 2.0000i
```

1. 矩阵与数组的加减法运算

矩阵与数组的加、减法运算没有区别,其运算法则与普通的加、减运算相同,但要注意相加、减的两个矩阵必须具有相同的阶数。

【例 2-14】 求矩阵 $A = \begin{bmatrix} 7 & 8 & 9 \\ 1 & 2 & 3 \\ 4 & 6 & 5 \end{bmatrix}$ 和矩阵 $B = \begin{bmatrix} 1 & 0 & 1 \\ 1 & 2 & 3 \\ 3 & 4 & 5 \end{bmatrix}$ 的和。

在"命令行"窗口中直接输入以下命令:

```
>> a = [7 8 9;1 2 3;4 6 5];
>> b = [1 0 1;1 2 3;3 4 5];
>> c = a + b
```

按下 Enter 键,即可执行,其运行结果为:

```
c =
    8    8    10
```

```
      2      4      6
      7     10     10
```

【例 2-15】 求矩阵 $A = \begin{bmatrix} 7 & 8 & 9 \\ 1 & 2 & 3 \\ 4 & 6 & 5 \end{bmatrix}$ 和矩阵 $B = \begin{bmatrix} 1 & 0 & 1 \\ 1 & 2 & 3 \\ 3 & 4 & 5 \end{bmatrix}$ 的差。

在"命令行"窗口中直接输入以下命令：

```
>> a = [7 8 9;1 2 3;4 6 5];
>> b = [1 0 1;1 2 3;3 4 5];
>> c = a - b
```

按下 Enter 键,即可执行,其运行结果为：

```
c =
      6      8      8
      0      0      0
      1      2      0
```

【例 2-16】 求矩阵 $A = \begin{bmatrix} 7 & 8 & 9 \\ 1 & 2 & 3 \\ 4 & 6 & 5 \end{bmatrix}$ 和矩阵 $B = \begin{bmatrix} 1 & 2 & 3 \end{bmatrix}$ 的差。

在"命令行"窗口中直接输入以下命令：

```
>> a = [7 8 9;1 2 3;4 6 5];
>> b = [1 2 3];
>> c = a - b
```

按下 Enter 键,即可执行,其运行结果为：

```
??? Error using == > -
Matrix dimensions must agree.
```

由于两个矩阵的阶数不同,MATLAB 会自动给出提示。

2. 矩阵与数组的乘法运算

矩阵与数组的乘法运算不仅在运算符上有很大区别,而且运算结果也不同。

矩阵的乘法使用"＊"运算符,要求相乘的矩阵有相邻的公共阶,即矩阵 A 为 $n \times m$ 阶、矩阵 B 为 $m \times k$ 阶时矩阵 A、B 才能相乘。

数组的乘法用".＊"表示,a、b 两个数组必须具有相同的阶数。$a.＊b$ 表示 a 和 b 中对应元素之间相乘。

【例 2-17】 求矩阵 $A = \begin{bmatrix} 7 & 8 & 9 \\ 1 & 2 & 3 \\ 4 & 6 & 5 \end{bmatrix}$ 和矩阵 $B = \begin{bmatrix} 1 & 2 & 3 \end{bmatrix}$ 的乘积。

在"命令行"窗口中直接输入两个矩阵,并分别计算 $A * B$ 和 $B * A$。

```
>> a = [7 8 9;1 2 3;4 6 5];
>> b = [1 2 3];
```

```
>> c = a * b
??? Error using ==> *
Inner matrix dimensions must agree.
>> c = b * a
c =
      21    30    30
```

从运行结果可以看出,只有符合相乘的矩阵有相邻的公共阶要求,它们才能完成乘法运算。不满足这个要求,系统会自动给出提示。

【例 2-18】 求数组矢量 $a = \begin{bmatrix} 1 & 2 & 3 \end{bmatrix}$ 和数组矢量 $b = \begin{bmatrix} 4 & 5 & 6 \end{bmatrix}$ 的乘积。

在"命令行"窗口中直接输入以下命令:

```
>> a = [1 2 3];
>> b = [4 5 6];
>> c = a. * b
```

按下 Enter 键,即可执行,其运行结果为:

```
c =
      4    10    18
```

再在"命令行"窗口中输入以下命令:

```
>> c = b. * a
```

按下 Enter 键,其运行结果为:

```
c =
      4    10    18
```

这说明数组乘法 $b. * a$ 和 $a. * b$ 的运算结果相同,这与矩阵乘法显然不同。

3. 矩阵与数组的除法运算

MATLAB 中的矩阵除法有两种,分别为左除和右除,左除的运算符用"\"表示,右除的运算符用"/"表示,如果矩阵 A 为非奇异矩阵,则 $A\backslash B$ 和 B/A 的运算都可以实现。

【例 2-19】 求矩阵 $A = \begin{bmatrix} 1 & 2 & 3 \end{bmatrix}$ 和矩阵 $B = \begin{bmatrix} 4 & 5 & 6 \end{bmatrix}$ 的商。
在"命令行"窗口中直接输入以下命令:

```
>> a = [1 2 3];
>> b = [4 5 6];
>> c = a\b
```

按下 Enter 键,即可执行,其运行结果为:

```
c =
         0         0         0
         0         0         0
    1.3333    1.6667    2.0000
```

再在"命令行"窗口中输入以下命令:

```
>> c = b/a
```

按下 Enter 键,其运行结果为:

```
c =
    2.2857
```

数组除法用符号". \"或". /"表示,两者的运算结果相同,数组 *a*、*b* 必须具有相同的阶数。*a*. *b* 表示 *b* 中的元素分别除以 *a* 中的对应元素。

【例 2-20】 求数组 $a = \begin{bmatrix} 1 & 2 & 3 \end{bmatrix}$ 和数组 $b = \begin{bmatrix} 4 & 5 & 6 \end{bmatrix}$ 的商。

在"命令行"窗口中直接输入以下命令:

```
>> a = [1 2 3];
>> b = [4 5 6];
>> c = a.\b
```

按下 Enter 键,即可执行,其运行结果为:

```
c =
    4.0000    2.5000    2.0000
```

再在"命令行"窗口中输入以下命令:

```
>> c = b./a
```

按下 Enter 键,其运行结果为:

```
c =
    4.0000    2.5000    2.0000
```

由此例可知,*a*. *b* 和 *b*. /*a* 的运算结果相同,这与矩阵的左除和右除不同,它只是两个数组对应元素间的运算。

4. 矩阵的转置

矩阵的转置用符号" ' "表示和实现。

【例 2-21】 求矩阵 $B = \begin{bmatrix} 4 & 5 & 6 \end{bmatrix}$ 的转置。

在"命令行"窗口中直接输入以下命令:

```
>> b = [4 5 6];
>> c = b'
```

按下 Enter 键,即可执行,其运行结果为:

```
c =
    4
    5
    6
```

如果矩阵是复数矩阵,则它的转置为复数共轭转置,若要进行非共轭转置运算,则使用运算符". ' "实现。

【例 2-22】 求矩阵 $A = \begin{bmatrix} 1+2i & 3+4i \end{bmatrix}$ 的转置。

在"命令行"窗口中直接输入以下命令:

```
>> a = [1 + 2i 3 + 4i];
>> c = a'
```

按下 Enter 键,即可执行,其运行结果为:

```
c =
   1.0000 - 2.0000i
   3.0000 - 4.0000i
```

再在"命令行"窗口中输入以下命令:

```
>> c = a.'
```

按下 Enter 键,其运行结果为:

```
c =
   1.0000 + 2.0000i
   3.0000 + 4.0000i
```

5. 矩阵的逆

MATLAB 中求逆矩阵,可使用函数 inv(a)。

【例 2-23】 求矩阵 $A = \begin{bmatrix} 2 & 0 & 0 \\ 0 & 1 & 0 \\ 0 & 0 & 1 \end{bmatrix}$ 的逆矩阵。

在"命令行"窗口中直接输入以下命令:

```
>> a = [2 0 0;0 1 0;0 0 1];
>> inv(a)
```

按下 Enter 键,其运行结果为:

```
ans =
    0.5000        0        0
        0   1.0000        0
        0        0   1.0000
```

【例 2-24】 已知矩阵 $A = \begin{bmatrix} 1 & 2 & 0 \\ 2 & 5 & -1 \\ 4 & 10 & -3 \end{bmatrix}$,求 A 的逆阵以及 A 的逆阵的逆阵。

在"命令行"窗口中直接输入以下命令:

```
> a = [1 2 0;2 5 -1;4 10 -3];
>> inv(a)                      % 矩阵 A 的逆阵
```

按下 Enter 键,其运行结果为:

```
ans =
      5       -6        2
     -2        3       -1
      0        2       -1
```

```
>> inv(inv(a))                          % 矩阵 A 的逆阵的逆阵
ans =
    1.0000    2.0000   -0.0000
    2.0000    5.0000   -1.0000
    4.0000   10.0000   -3.0000
```

2.5.2 关系运算符

MATLAB提供了 6 种关系运算,其结果返回值为 1 或 0,表示运算关系是否成立。关系运算符如表 2-5 所示。

表 2-5 关系运算符

运算符	功 能	运算符	功 能
<	小于	>=	大于或等于
<=	小于或等于	==	等于
>	大于	~=	不等于

关系运算符通常用于程序的流程控制中,常与 if、while、for、switch 等控制命令联合使用。

【例 2-25】 设矩阵 $A = [4 \quad -2 \quad 3]$、矩阵 $B = [4 \quad 5 \quad -4]$,使用关系运算符对矩阵 A、B 进行比较。

在"命令行"窗口中直接输入以下命令,然后比较两个矩阵间对应元素的关系。

```
>> a = [4  -2    3];
>> b = [4   5   -4];
>> a < b
ans =
     0     1     0
>> a > b
ans =
     0     0     1
>> a <= b
ans =
     1     1     0
>> a >= b
ans =
     1     0     1
>> a == b
ans =
     1     0     0
>> a ~= b
ans =
     0     1     1
```

在这个例子中用户应当注意:"="和"=="在 MATLAB 中具有完全不同的意义:"="表示将运算的结果赋予一个变量;而"=="则用来比较两个变量,当它们相等时,返回值为 1,不相等时返回值为 0。

【例 2-26】 $a = [4\ 6;2\ 7]$,判断 a 中元素是否小于 5?
程序设计及运行结果如下:

```
>> a = [ 4 6;2 7 ];
>> a < 5
ans =
     1     0
     1     0
```

从本例中可以看出,当 *a* 中元素小于 5 时,则在相应位置输出 1;否则输出 0。

2.5.3 逻辑运算符

在 MATLAB 中有 4 种基本的逻辑运算,即"与"(&)、"或"(|)、"非"(~)、"异或"(xor)。"与""或""异或"是分别对多个表达式(包括数组、矩阵)组合进行"与""或""异或"的操作符,而"非"是对一个关系表达式取反的操作符。无论是针对数组或者矩阵中的每一个元素,还是针对逻辑表达式和逻辑函数,它们的逻辑运算的值应该为一个逻辑量,即"真"或"假",其中返回值为 0 代表"假",返回值为 1 代表"真"。

【例 2-27】 设数组 $a = \begin{bmatrix} 0 & 1 & 1 & 0 \end{bmatrix}$,$b = \begin{bmatrix} 1 & 1 & 0 & 0 \end{bmatrix}$,求 *a* 与 *b* 数组的或运算。

程序设计及运行结果如下:

```
>> a = [0 1 1 0];
>> b = [1 1 0 0];
>> x = a|b
x =
     1     1     1     0
```

【例 2-28】 已知数组 *a*、*b* 分别为:

```
a =
     1     2     3     4     5
b =
     3     4     5     6     7
```

在"命令行"窗口中输入以下命令,并按 Enter 键确认:

```
>> c = (a > 1)&(b < 6)          % 当 a > 1 和 b < 6 同时成立时赋值 1;否则赋值 0
```

得到

```
c =
     0     1     1     0     0
```

再在"命令行"窗口中输入以下命令,并按 Enter 键确认:

```
>> a&b
ans =
     1     1     1     1     1
```

再在"命令行"窗口中输入以下命令,并按 Enter 键确认:

```
>> ~a
ans =
     0     0     0     0     0
```

再在"命令行"窗口中输入以下命令,并按 Enter 键确认:

```
>> (a>3)|(b<5)
ans =
    1    1    0    1    1
```

2.6　特殊矩阵的创建与操作

2.6.1　特殊矩阵及其创建

1. 空矩阵

在 MATLAB 的"命令行"窗口中输入[],就可以创建一个空矩阵。它具有以下性质。

(1) 在 MATLAB 的工作空间中存在被赋值的空矩阵变量。

(2) 空矩阵中不包括任何元素,是 0×0 阶的矩阵。

(3) 空矩阵可以在 MATLAB 的运算中传递。

【例 2-29】　创建一个空矩阵。

在"命令行"窗口中直接输入以下命令:

```
>> a = []
```

按下 Enter 键,显示运行结果为:

```
a =
    []
```

2. 零矩阵

零矩阵是由元素全部为零组成的矩阵,可以是 $n \times n$ 阶的方阵,也可以是 $n \times m$ 阶的非方阵。在 MATLAB 中它可以通过下面的函数创建:

```
zeros(n,m)
```

【例 2-30】　创建一个 3×4 阶的零矩阵。

在"命令行"窗口中直接输入以下命令:

```
>> a = zeros(3,4)
```

按下 Enter 键,显示运行结果为:

```
a =
    0    0    0    0
    0    0    0    0
    0    0    0    0
```

3. 单位矩阵

单位矩阵是对角线元素为 1,其他元素全部为 0 的矩阵,可以是 $n \times n$ 阶的方阵,也可以是 $n \times m$ 阶的非方阵。在 MATLAB 中它可以通过下面的函数创建:

```
eye(n,m)
```

【例 2-31】 创建一个 3×4 阶的单位矩阵。

在"命令行"窗口中直接输入以下命令：

```
>> a = eye(3,4)
```

按下 Enter 键，显示运行结果为：

```
a =
    1    0    0    0
    0    1    0    0
    0    0    1    0
```

4. 全 1 矩阵

全 1 矩阵是由全部元素为 1 组成的矩阵，可以是 $n×n$ 阶的方阵，也可以是 $n×m$ 阶的非方阵。在 MATLAB 中它可以通过下面的函数创建：

```
ones(n,m)
```

【例 2-32】 创建一个 3×4 阶的全 1 矩阵。

在"命令行"窗口中直接输入以下命令：

```
>> a = ones(3,4)
```

按下 Enter 键，显示运行结果为：

```
a =
    1    1    1    1
    1    1    1    1
    1    1    1    1
```

5. 随机矩阵

随机矩阵是全部由数值在 0～1 区间内的元素组成的矩阵，可以是 $n×n$ 阶的方阵，也可以是 $n×m$ 阶的非方阵。在 MATLAB 中它可以通过下面的函数创建：

```
rand(n,m)
```

其中，有一种特殊的随机矩阵为正态分布，它在 MATLAB 中可以通过下面的函数创建：

```
randn(n,m)
```

【例 2-33】 创建一个 2×3 阶的随机矩阵。

在"命令行"窗口中直接输入以下命令：

```
>> a = rand(2,3)
```

按下 Enter 键，显示运行结果为：

```
a =
    0.9355    0.4103    0.0579
    0.9169    0.8936    0.3529
```

6. 对角矩阵

对角矩阵是由主对角线元素的值为非零或零元素,而非对角线元素的值均为 0 的矩阵,对角矩阵的数学描述为 $\mathrm{diag}(a_1, a_2, a_3, \cdots)$,其矩阵表示为

$$\mathrm{diag}(a_1, a_2, a_3, \cdots) = \begin{bmatrix} a_1 & & & \\ & a_2 & & \\ & & \ddots & \\ & & & a_n \end{bmatrix}$$

建立一个对角矩阵,在 MATLAB 中首先建立一个向量 $\boldsymbol{V} = [a_1, a_2, a_3, \cdots]$,然后用 MATLAB 的函数 diag() 创建。

【例 2-34】 创建一个 3×3 阶的对角矩阵。

在"命令行"窗口中直接输入以下命令:

```
>> v = [4 3 7 6];
>> a = diag(v)
```

按下 Enter 键,显示运行结果为:

```
a =
    4    0    0    0
    0    3    0    0
    0    0    7    0
    0    0    0    6
```

7. 范德蒙德矩阵

范德蒙德矩阵是线性代数中一个很重要的矩阵。在 MATLAB 中使用 vander 函数就可生成范德蒙德矩阵。其使用的格式为:

```
a = vander(v)
```

【例 2-35】 范德蒙德矩阵的生成。

在"命令行"窗口中直接输入以下命令:

```
>> v = [1 2 4 6];
>> a = vander(v)
```

按下 Enter 键,显示运行结果为:

```
a =
      1      1      1      1
      8      4      2      1
     64     16      4      1
    216     36      6      1
```

2.6.2 矩阵的特殊操作

1. 矩阵重新排列

MATLAB 可以实现矩阵或数组元素的重新排列,以实现矩阵和数组尺寸或维数的变

化,如将一个 2×2 阶的矩阵可以重新排列成一个 4×1 阶的矩阵。MATLAB 实现矩阵重新排列的函数为 reshape,其调用格式为

```
reshape(a,n,m,p,...)
```

其中,a 为原数组或矩阵,n,m,p,... 为新的数组或矩阵的维数或阶数。

需要注意的是,新数组或矩阵的维数或阶数的乘积必须与原数组或矩阵的维数或阶数的乘积相等。

【例 2-36】 已知矩阵 $A = \begin{bmatrix} 2 & 3 \\ 3 & 6 \\ 4 & 10 \end{bmatrix}$,将其重新排列为 1×6 阶的矩阵和 2×3 阶的矩阵。

在"命令行"窗口中直接输入以下命令:

```
>> a = [2 3;3 6;4 10];
>> reshape(a,1,6)
```

按下 Enter 键,显示运行结果为:

```
ans =
    2    3    4    3    6    10
>> reshape(a,2,3)
ans =
    2    4    6
    3    3    10
```

2. 矩阵的翻转与旋转

MATLAB 提供了可以使矩阵进行左右翻转、上下翻转、旋转等操作的函数,其函数如表 2-6 所示。

表 2-6　矩阵的翻转与旋转函数

函数名	功　能	函数名	功　能
fliplr	矩阵左右翻转	flipdim	矩阵的第 n 维翻转
flipud	矩阵上下翻转	rot90	矩阵逆时针旋转 $90°$

【例 2-37】 已知矩阵 $A = \begin{bmatrix} 2 & 3 \\ 3 & 6 \\ 4 & 10 \end{bmatrix}$,分别将其左右翻转、上下翻转和旋转。

在"命令行"窗口中直接输入以下命令:

```
>> a = [2 3;3 6;4 10];
>> fliplr(a)                    % 矩阵左右翻转
```

按下 Enter 键,显示运行结果为:

```
ans =
    3    2
    6    3
    10   4
```

```
>> flipud(a)                              % 矩阵上下翻转
ans =
     4    10
     3     6
     2     3
>> rot90(a)                               % 矩阵翻转 90°
ans =
     3     6    10
     2     3     4
```

3. 矩阵的抽取

MATLAB 提供了可以使矩阵的对角线、上三角形、下三角形等进行抽取操作的函数，其函数如表 2-7 所示。

函数 diag 实现矩阵对角元素的抽取，其调用格式为：

c = diag(a,n)

表 2-7 矩阵的抽取函数

函数名	功　　能
diag	矩阵的对角线抽取
triu	矩阵的上三角形抽取
tril	矩阵的下三角形抽取

其中，c 为抽取矩阵 a 的第 n 条对角线所创建的元素向量。n＞0 时抽取矩阵上方的第 n 条对角线；n＜0 时抽取矩阵下方的第 n 条对角线；n＝0 或不指定 n 时抽取矩阵 a 的主对角线。

同理，函数 triu、tril 的调用格式及参数定义与函数 diag 类似。

【例 2-38】 已知矩阵 $A = \begin{bmatrix} 4 & 5 & 2 & 3 \\ 7 & 1 & 3 & 6 \\ 1 & 3 & 4 & 10 \\ 6 & 5 & 4 & 3 \end{bmatrix}$，分别抽取其对角线元素、创建对角矩阵、抽取上三角矩阵和抽取下三角矩阵。

在"命令行"窗口中直接输入以下命令：

```
>> a = [4 5 2 3;7 1 3 6;1 3 4 10;6 5 4 3];
>> c = diag(a,0)                          % 抽取对角线元素
```

按下 Enter 键，显示运行结果为：

```
c =
     4
     1
     4
     3
>> b = diag(c,0)                          % 创建对角矩阵
b =
     4     0     0     0
     0     1     0     0
     0     0     4     0
     0     0     0     3
>> c = triu(a)                            % 抽取上三角矩阵
c =
     4     5     2     3
     0     1     3     6
```

```
    0    0    4   10
    0    0    0    3
>> c = tril(a)                          % 抽取下三角矩阵
c =
    4    0    0    0
    7    1    0    0
    1    3    4    0
    6    5    4    3
>> c = tril(a, -1)
c =
    0    0    0    0
    7    0    0    0
    1    3    0    0
    6    5    4    0
```

4. 矩阵的秩

在线性代数理论中,若矩阵 A 所有的列向量中共有 r_c 个线性无关,则称矩阵的列秩为 r_c;若矩阵 A 所有的行向量中共有 r_r 个线性无关,则称矩阵的行秩为 r_r。可以证明,矩阵的行秩等于列秩。一般表示如下:

$$\text{rank}(A) = r_r = r_c = r$$

MATLAB 提供了一个可以求已知矩阵秩的函数 rank(),它的调用格式为:

```
rank(A)
```

【**例 2-39**】 求矩阵 $A = \begin{bmatrix} 4 & 5 & 2 & 3 \\ 7 & 1 & 3 & 6 \\ 1 & 3 & 4 & 10 \\ 6 & 5 & 4 & 3 \end{bmatrix}$ 的秩。

在"命令行"窗口中直接输入以下命令:

```
>> a = [4 5 2 3;7 1 3 6;1 3 4 10;6 5 4 3];
>> rank(a)
```

按下 Enter 键,显示运行结果为:

```
ans =
    4
```

5. 矩阵的行列式

MATLAB 提供了一个可以求已知矩阵的行列式的函数,它的调用格式为:

```
det()
```

【**例 2-40**】 求矩阵 $A = \begin{bmatrix} 4 & 5 & 2 & 3 \\ 7 & 1 & 3 & 6 \\ 1 & 3 & 4 & 10 \\ 6 & 5 & 4 & 3 \end{bmatrix}$ 的行列式的值。

在"命令行"窗口中直接输入以下命令:

```
>> a = [4 5 2 3;7 1 3 6;1 3 4 10;6 5 4 3];
>> det(a)
```

按下 Enter 键,显示运行结果为:

```
ans =
  522
```

6. 冒号":"的作用

在 MATLAB 中,冒号":"表示"全部"的含义。

【例 2-41】 已知矩阵 $A = \begin{bmatrix} 4 & 5 & 2 & 3 \\ 7 & 1 & 3 & 6 \\ 1 & 3 & 4 & 10 \\ 6 & 5 & 4 & 3 \end{bmatrix}$,求在下列命令作用下矩阵 A 的值。

在"命令行"窗口中直接输入以下命令:

```
>> A = [4 5 2 3;7 1 3 6;1 3 4 10;6 5 4 3];
>> A(2,:)                              % 显示矩阵 A 的第 2 行的全部元素
```

按下 Enter 键,显示运行结果为:

```
ans =
    7    1    3    6
>> A(:,3)                              % 显示矩阵 A 的第 3 列的全部元素
```

按下 Enter 键,显示运行结果为:

```
ans =
  2
  3
  4
  4
>> A(:,:)                              % 显示矩阵 A 的全部元素
```

按下 Enter 键,显示运行结果为:

```
ans =
  4    5    2    3
  7    1    3    6
  1    3    4    10
  6    5    4    3
```

小结

    MATLAB 的核心与基础就是以矩阵为代表的基本运算功能,矩阵是 MATLAB 的基本操作对象,本章重点围绕矩阵的基本操作,先后介绍了矩阵的创建方法、矩阵的运算(包括算术运算、逻辑运算和关系运算)、矩阵的特殊操作,要求熟练掌握这些矩阵的基本操作,为今后深入研究 MATLAB 有关知识奠定基础。

习题

2.1　在 $\sin x$ 运算中，x 是角度还是弧度？

2.2　$\boldsymbol{x}=[30\quad 45\quad 60]$，$\boldsymbol{x}$ 的单位为角度，求 $\boldsymbol{x}$ 的正弦、余弦、正切和余切。

2.3　$\boldsymbol{a}=[1\quad 2\quad 5]$，$\boldsymbol{b}=[8\quad -4\quad 2]$，观察 $\boldsymbol{a}$ 和 $\boldsymbol{b}$ 之间的各种关系运算结果。

2.4　$\boldsymbol{a}=[5\quad 0.2\quad -8\quad -0.7]$，求它的各种逻辑运算结果。

2.5　计算下列表达式的值。

(1) $(4-7i)(3+5i)$

(2) $12/(5+7)$

(3) $12/5+7$

(4) $(12/5)+7$

(5) $3\hat{\ }4\hat{\ }7$

(6) $(3\hat{\ }4)\hat{\ }7$

(7) $3\hat{\ }(4\hat{\ }7)$

2.6　计算下列表达式的值。

(1) $(3-5i)(4+3i)$

(2) $\sin(2.5)(4-5i)$

2.7　设 $x=2$，$y=3$，计算下列各式。

(1) $4\dfrac{x^3}{3y}$

(2) $\dfrac{\pi}{3}\sin\pi$

(3) $\dfrac{\cos x}{y}+3x-6y$

2.8　创建矩阵的方法有几种？各有什么特点？

2.9　数组运算和矩阵运算的运算符有什么区别？

2.10　在 MATLAB 的"命令行"窗口中创建矩阵 $\begin{bmatrix} 3 & 7 & 4 \\ 8 & 4 & 9 \end{bmatrix}$，并将其赋予变量 x。

2.11　设矩阵 $\boldsymbol{A}=\begin{bmatrix} 9 & 8 & 1 \\ 6 & 5 & 4 \\ 3 & 2 & 1 \end{bmatrix}$，分别对矩阵 $\boldsymbol{A}$ 进行以下操作。

(1) 求矩阵 $\boldsymbol{A}$ 的转置。

(2) 求矩阵 $\boldsymbol{A}$ 的逆阵。

(3) 求矩阵 $\boldsymbol{A}$ 的行列式。

(4) 求矩阵 $\boldsymbol{A}$ 的秩。

2.12　设矩阵 $\boldsymbol{A}=\begin{bmatrix} 2 & -1 \\ -2 & -4 \end{bmatrix}$，矩阵 $\boldsymbol{B}=\begin{bmatrix} 0 & -3 \\ 0 & -5 \end{bmatrix}$，矩阵 $\boldsymbol{C}=\begin{bmatrix} 1 \\ 3 \end{bmatrix}$，矩阵 $\boldsymbol{D}=\mathrm{eye}(2)$，求

解下列问题：

（1）$3 \times A$

（2）$A + B$

（3）$A * D$

（4）$A * C$

（5）$A \backslash B$

（6）$A . \backslash B$

（7）$A .^{\wedge} B$

2.13　设矩阵 A 为一个 4×3 阶的矩阵，试使用 reshape 函数将矩阵 A 变为一个 3×4 阶的矩阵。

2.14　设矩阵 A 为 5 阶的范德蒙德矩阵，试使用矩阵的特殊操作函数实现矩阵 A 的 90°旋转、上下翻转和左右翻转。

chapter 3

MATLAB的数值计算

MATLAB 提供了许多用于处理数值运算的函数,用户可以方便地实现数值计算(如多项式的运算、方程的数值解等)。

3.1 多项式的创建与运算

3.1.1 多项式的描述与创建

1. 多项式的描述

在 MATLAB 环境下多项式的表达式为:
$$p(x) = a_0 x^n + a_1 x^{n-1} + \cdots + a_{n-1} x + a_n$$
可以转换成向量的形式加以描述,即
$$\boldsymbol{p} = \begin{bmatrix} a_0 & a_1 & \cdots & a_{n-1} & a_n \end{bmatrix}$$

向量最右边的元素表示多项式的 0 阶系数,向左数依次表示多项式的 1 阶系数、2 阶系数、3 阶系数……也就是说,MATLAB 按降幂形式排列多项式的系数。例如,多项式表达式 $6x^4 + 3x^3 + 4x^2 + 2x + 7$,在 MATLAB 环境下用向量描述为 $\begin{bmatrix} 6 & 3 & 4 & 2 & 7 \end{bmatrix}$。

2. 多项式的创建

创建多项式的方法有许多种。
方法 1:直接输入法。
在 MATLAB 的"命令行"窗口中直接输入多项式的系数向量,然后利用转换函数 poly2sym 将多项式由系数向量描述转换为多项式表达式的形式。注意,缺少的各项在向量中以 0 代替。

【例 3-1】 在 MATLAB 环境下采用直接输入法,创建多项式 $x^3 + 3x^2 - 2x + 5$。
程序设计为:

```
>> p = [1 3 -2 5];                    % 多项式的系数向量
>> poly2sym(p)                        % 生成多项式的表达式
```

运行结果为：

```
ans =
x^3 + 3 * x^2 − 2 * x + 5
```

方法 2：特征多项式输入法。

由函数 poly 提取 n 阶特征多项式系数向量，该系数向量的第一个元素必须为 1，然后再用函数 poly2sym 将其转换为特征多项式的表达式。

【例 3-2】 已知矩阵 $\boldsymbol{M} = \begin{bmatrix} 2 & 1 & 3 \\ 4 & 2 & 1 \\ 1 & 2 & 3 \end{bmatrix}$，求其特征多项式的表达式。

程序设计为：

```
>> M = [2 1 3;4 2 1;1 2 3];
>> P = poly(M)                         %生成特征多项式系数向量
```

运行结果为：

```
P =
    1.0000    − 7.0000    7.0000    − 15.0000
>> poly2sym(P)                         %生成特征多项式的表达式
```

运行结果为：

```
ans =
x^3 − 7 * x^2 + 7 * x − 15
```

方法 3：由根向量创建多项式。

也可以利用给定的多项式的根向量来创建多项式，同样由函数 poly 实现。

【例 3-3】 已知多项式的根向量为 $[-0.5 \quad -0.2+0.3i \quad -0.2-0.3i]$，求其对应的多项式表达式。

程序设计为：

```
>> r = [ − 0.5 − 0.2 + 0.3i − 0.2 − 0.3i];
>> p = poly(r)
```

运行结果为：

```
p =
    1.0000    0.9000    0.3300    0.0650
>> poly2sym(p)
```

运行结果为：

```
ans =
x^3 + 9/10 * x^2 + 33/100 * x + 13/200
```

3.1.2　多项式的运算

1. 求多项式的值

求多项式的值的方法有两种：一种按数组运算规则计算，由函数 polyval 实现；另一种按矩阵的运算规则计算,由函数 polyvalm 来实现。

【例3-4】 求多项式 $4x^2-2x+10$ 在 5、6 和 8 处的值。

程序设计为:

```
>> p = [4 - 2 10];
>> x = [5 6 8];
>> polyval(p,x)
```

运行结果为:

```
ans =
  100   142   250
```

【例3-5】 求多项式 $4x^2-2x+10$ 对于矩阵 $\begin{bmatrix} 3 & 5 \\ 7 & 2 \end{bmatrix}$ 的值。

程序设计为:

```
>> p = [4 - 2 10];
>> x = [3 5;7 2];
>> polyvalm(p,x)
```

运行结果为:

```
ans =
  180    90
  126   162
```

2. 求多项式的根

求多项式的根,即求多项式为零时的值。在 MATLAB 环境下求根时有两种方法:一种是直接调用根函数 roots 求解多项式的根的方法;另一种是先求多项式的伴随矩阵,然后再求特征值的方法求多项式的根。这里仅介绍前面一种方法。

【例3-6】 求多项式 $x^5+5x^4-6x^3+10x^2+3x+20$ 的根。

程序设计为:

```
>> a = [1 5 - 6 10 3 20];
>> r = roots(a)
```

运行结果为:

```
r =
  - 6.2232
   1.1158 + 1.1853i
   1.1158 - 1.1853i
  - 0.5042 + 0.9791i
  - 0.5042 - 0.9791i
```

3. 多项式的加减运算

多项式的加减运算是多项式对应元素的加、减运算,多项式的阶数可以不同,但在进行多项式定义时,应当在低阶多项式的前面补充 0,使其阶数相等;否则,不能进行加减运算。

【例 3-7】 对两个多项式 x^4+3x^3-2x+3 和 x^2+3x+4 进行加、减运算。

程序设计为：

```
>> a = [1 3 0 -2 3];
>> b = [0 0 1 3 4];
>> c = a + b
```

运行结果为：

```
c =
     1    3    1    1    7
>> poly2sym(c)
ans =
x^4 + 3 * x^3 + x^2 + x + 7
```

4. 多项式的乘、除运算

多项式的乘法运算由函数 conv 实现；多项式的除法运算由函数 deconv 实现。

【例 3-8】 计算两个多项式 x^3+5x^2-2x+1 和 $x+5$ 的乘积。

程序设计为：

```
>> a = [1 5 -2 1];
>> b = [1 5];
>> c = conv(a,b)
```

运行结果为：

```
c =
     1    10    23    -9    5
>> poly2sym(c)
ans =
    x^4 + 10 * x^3 + 23 * x^2 - 9 * x + 5
```

【例 3-9】 计算多项式 x^3+5x^2-2x+1 与 $x+5$ 的除法运算。

程序设计为：

```
>> a = [1 5 -2 1];                    % 被除数多项式
>> b = [1 5];                         % 除数多项式
>> [q r] = deconv(a,b)                % q表示除运算的商,r表示除运算的余数
```

运行结果为：

```
q =
    1    0    -2
r =
    0    0    0    11
>> poly2sym(q)                        % 商的多项式表达式
ans =
    x^2 - 2
```

5. 多项式的微积分

多项式的微分由函数 polyder 实现，多项式的积分由函数 polyint 实现。

【例 3-10】 求多项式 $3x^4 - 2x^3 + 5x^2 - 10x + 6$ 的一阶导数。

程序设计为：

```
> p = [3 - 2 5 - 10 6];
>> polyder(p)
```

运行结果为：

```
ans =
    12    - 6    10    - 10
>> poly2sym(ans)
ans =
    12 * x^3 - 6 * x^2 + 10 * x - 10
```

【例 3-11】 求多项式 $12x^3 - 8x^2 + 6x - 5$ 的积分。

程序设计为：

```
>> p = [12 - 8 6 - 5];
>> polyint(p)
```

运行结果为：

```
ans =
    3.0000    - 2.6667    3.0000    - 5.0000    0
>> poly2sym(ans)
ans =
    3 * x^4 - 8/3 * x^3 + 3 * x^2 - 5 * x
```

6. 多项式的部分分式展开

在线性系统的傅里叶变换、拉普拉斯变换和 Z 变换中,经常要用到多项式部分分式展开的情况,把一个多项式可以描述成：

$$\frac{\mathrm{num}(x)}{\mathrm{den}(x)} = \frac{r_1}{x + p_1} + \frac{r_2}{x + p_2} + \cdots + \frac{r_n}{x + p_n} + k(x)$$

式中：$p_1, p_2, \cdots, p_n$ 为极点；$r_1, r_2, \cdots, r_n$ 为留数；$k(x)$ 为常数项。

MATLAB 提供了一些进行多项式部分分式展开运算的函数,其中常用的函数为 residue。它的调用格式为：

```
[r,p,k] = residue(num,den)
```

其中,num 和 den 分别表示多项式的分子和分母多项式的系数向量；r、p、k 分别为留数、极点和常数项。

同时,还可以将部分分式展开转换为原多项式表达式 num(x) 和 den(x) 系数向量。调用的函数格式为：

```
[num,den] = residue(r,p,k)
```

【例 3-12】 求多项式 $\dfrac{\mathrm{num}(x)}{\mathrm{den}(x)} = \dfrac{10(x+3)}{(x+1)(x^2+x+3)}$ 的部分分式展开。

程序设计为：

```
>> num = [10 30];
>> den = [1 2 4 3];
>> [r,p,k] = residue(num,den)
```

运行结果为：

```
r =
  - 3.3333 - 4.0202i
  - 3.3333 + 4.0202i
    6.6667
p =
  - 0.5000 + 1.6583i
  - 0.5000 - 1.6583i
  - 1.0000
k =
    []
```

其中，k＝[]表示没有常数项。

【例 3-13】 求多项式 $\dfrac{\text{num}(x)}{\text{den}(x)}=\dfrac{5x^3+3x^2-2x+7}{-4x^3+8x+3}$ 的部分分式展开。

程序设计为：

```
>> num = [5 3 - 2 7];
>> den = [ - 4 0 8 3];
>> [r,p,k] = residue(num,den)
```

运行结果为：

```
r =
  - 1.4167
  - 0.6653
    1.3320
p =
    1.5737
  - 1.1644
  - 0.4093
k =
  - 1.2500
```

【例 3-14】 求多项式 $\dfrac{\text{num}(x)}{\text{den}(x)}=\dfrac{10(x+2)}{(x+1)(x^2+x+3)}$ 的部分分式展开。

程序设计为：

```
>> num = [10 2];
>> den = [1 2 4 3];
>> [r,p,k] = residue(num,den)
```

运行结果为：

```
r =
  - 1.6667 - 3.5176i
  - 1.6667 + 3.5176i
```

```
     3.3333
p =
  - 0.5000 + 1.6583i
  - 0.5000 - 1.6583i
  - 1.0000
k =
     []
```

3.2 线性方程求解

MATLAB 提供了求解方程的一些函数,包括代数方程和微分方程,可以方便用户解决实际问题。

3.2.1 代数方程及代数方程组的求解

在 MATLAB 中,使用 solve 函数求代数方程,其调用格式为:

```
[x1,x2,...,xn] = solve('eqn1','eqn2',...,'eqnn')
```

表示对 n 个未知变量 $x_1, x_2, \cdots, x_n$ 求解 n 个方程。

【例 3-15】 求一元二次方程 $ax^2 + bx + c = 0$ 的根。

在“命令行”窗口中输入以下命令:

```
>> solve('a * x^2 + b * x + c', 'x')
```

则有:

```
ans =
  [ 1/2/a * ( - b + (b^2 - 4 * a * c)^(1/2))]
  [ 1/2/a * ( - b - (b^2 - 4 * a * c)^(1/2))]
```

或者在“命令行”窗口中输入命令:

```
>> [x] = solve('a * x^2 + b * x + c')
```

运行结果为:

```
x =
  [ 1/2/a * ( - b + (b^2 - 4 * a * c)^(1/2))]
  [ 1/2/a * ( - b - (b^2 - 4 * a * c)^(1/2))]
```

此外,还可以利用 solve 函数求解若干个代数方程的解,即代数方程组的解。

【例 3-16】 求代数方程组 $\begin{cases} x+y+z=2b \\ 2x+y+2z=2b \\ 2x+2y+z=5b \end{cases}$ 的解。

在“命令行”窗口中输入以下命令:

```
>> eqn1 = 'x + y + z = 2 * b';
>> eqn2 = '2 * x + y + 2 * z = 2 * b';
>> eqn3 = '2 * x + 2 * y + z = 5 * b';
```

```
>> [x, y, z] = solve(eqn1, eqn2, eqn3)
```

运行结果为：

```
x =
    b
y =
    2 * b
z =
    - b
```

3.2.2　微分方程及微分方程组的求解

在 MATLAB 中，使用 dsolve 函数求解常微分方程，其调用格式为：

```
[y1, y2, …] = dsolve('eqn1', 'eqn2', …)
```

其中，输入量 eqn 可以是微分方程，也可以是求解微分方程的初始条件，还可以声明独立变量。一般前面的是微分方程，中间的是初始条件，最后的是独立变量声明。

在表达微分方程时，n 阶导数表示为 Dny，例如 $\dfrac{\mathrm{d}y}{\mathrm{d}t}$，$\dfrac{\mathrm{d}x}{\mathrm{d}t}$，$\dfrac{\mathrm{d}^2 y}{\mathrm{d}t^2}$，$\dfrac{\mathrm{d}^3 y}{\mathrm{d}t^3}$ 分别表示为 Dy、Dx、D2y、D3y。

【例 3-17】　求解 $\dfrac{\mathrm{d}y}{\mathrm{d}x}=x^2+2x$。

程序设计及运行结果为：

```
>> y = dsolve('Dy = x^2 + 2 * x', 'x')        % 求解微分方程, x 为声明的独立变量
y =
    1/3 * x^3 + x^2 + C1                        % C1 为任意实常量
```

【例 3-18】　求二阶微分方程 $\dfrac{\mathrm{d}^2 y}{\mathrm{d}t^2}-8\dfrac{\mathrm{d}y}{\mathrm{d}t}+6y=0$ 的解，初始条件为 $y(0)=0,\ \dfrac{\mathrm{d}y}{\mathrm{d}x}\Big|_{x=0}=1$。

程序设计及运行结果为：

```
>> y = dsolve('D2y - 8 * Dy + 6y = 0', 'x')                        % 求二阶微分方程通解
y =
    3/4 * x + C1 + C2 * exp(8 * x)
>> y = dsolve('D2y - 8 * Dy + 6y = 0', 'y(0) = 0, Dy(0) = 1', 'x')     % 求二阶微分方程特解
y =
    3/4 * x - 1/32 + 1/32 * exp(8 * x)
```

【例 3-19】　求一阶微分方程组 $\begin{cases}\dfrac{\mathrm{d}x}{\mathrm{d}t}=3x+4y\\[2mm]\dfrac{\mathrm{d}y}{\mathrm{d}t}=-4x+3y\end{cases}$ 的解。初始条件为 $x(0)=0,\ y(0)=1$。

程序设计及运行结果为：

```
>> eqn1 = 'Dx = 3 * x + 4 * y';
>> eqn2 = 'Dy = - 4 * x + 3 * y';
>> [x, y] = dsolve(eqn1, eqn2, 'x(0) = 0, y(0) = 1')
```

```
x =
    exp(3 * t) * sin(4 * t)
y =
    exp(3 * t) * cos(4 * t)
```

3.3　曲线拟合与插值

3.3.1　曲线拟合

在许多实际应用工程中,常常只能测得一些分散的数据点,为了能从这些分散的数据点中找出它们内在的变化规律,人们就依据这些分散的数据点,运用最小二乘法、多项式或其他的已知函数等方法来生成一个新的多项式或者函数来逼近这些已知的数据点,这一过程就称为曲线拟合。

由于 MATLAB 提供了强大的计算功能和绘图功能,使得用户可以很方便地进行曲线拟合,并绘制出曲线拟合图。

曲线拟合涉及两个基本问题:最佳拟合意味着什么?应该用什么样的曲线?由于可以用许多不同的方法定义最佳拟合,并存在无穷数目的曲线,而当最佳拟合被解释为在数据点的最小误差平方和,且所用的曲线限定为多项式时,那么曲线拟合是相当简捷的,数学上称为最小二乘法曲线拟合,最小二乘法曲线拟合是最常用的曲线拟合方法。

MATLAB 提供了 polyfit()函数求解最小二乘法曲线拟合问题,它的调用格式为:

```
polyfit(x, y, n)
```

其含义为:用最小二乘法对所给定数据 x、y 进行 n 阶多项式拟合,其返回值是一个多项式系数的行向量。

【例 3-20】　已知某实验数据如表 3-1 所示,利用 polyfit 函数求其最小二乘法拟合曲线。

表 3-1　实验数据

x	1	2	3	4	5	6	7	8	9	10
y	−0.47	1.98	3.3	6.2	7.1	7.3	7.7	10	9.5	9.3

为了用 polyfit 函数,必须给出函数所需要的上述数据 x、y 和期望的最佳拟合数据的多项式的阶数 n。如果选择 $n=1$,就会得到最简单的线性近似,通常称为线性回归。

程序设计为:

```
>> x = [1 2 3 4 5 6 7 8 9 10];
>> y = [- 0.47 1.98 3.3 6.2 7.1 7.3 7.7 10 9.5 9.3];
>> a = polyfit(x, y, 1)
```

运行结果为:

```
a =
    1.0835    0.2320
```

为了查看拟合的多项式与原来数据的拟合程度,在"命令行"窗口中继续输入以下命令,并按 Enter 键确认,如图 3-1 所示。

```
>> x1 = 1:0.05:10;
>> y1 = a(1) * x1 + a(2);
>> plot(x,y,'*',x1,y1,'-')
```

运行结果如图 3-1 所示。

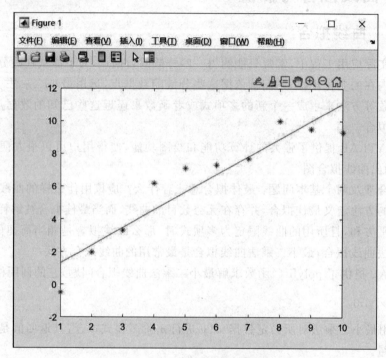

图 3-1　线性回归拟合曲线

从图 3-1 中可以看出,拟合曲线与原数据点相比,拟合误差比较大,精度不高,为此,增加多项式的阶数 n 值,如选择 $n=2$,在"命令行"窗口中继续输入以下命令,并按 Enter 键确认,如图 3-2 所示。

```
>> x = [1 2 3 4 5 6 7 8 9 10];
>> y = [ - 0.47 1.98 3.3 6.2 7.1 7.3 7.7 10 9.5 9.3];
>> b = polyfit(x,y,2)
b =
    - 0.1389 2.6110 - 2.8230
>> x2 = 1:0.05:10;
>> y2 = b(1) * x2.^2 + b(2) * x2 + b(3);
>> plot(x,y,'*',x2,y2,'-')
```

运行结果如图 3-2 所示。

从图 3-2 中可以看出,当阶数等于 2 时,所得拟合曲线与原数据点拟合程度比较好。

为了使用 polyfit 函数,必须给出已知的分散数据点 x、y 和期望的最佳拟合数据的多项式的阶数。选择不同的阶数,会得到不同的拟合结果,这一点从上面的例子中可以明显看出。那么是不是最佳拟合数据的多项式的阶数越大越好呢? 读者可以根据上述例题的数据进行仿真分析。

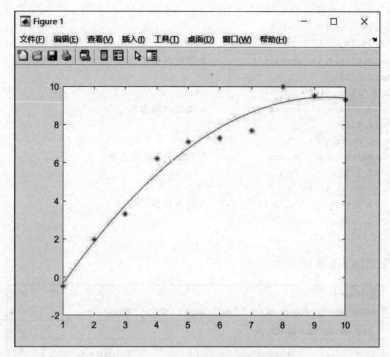

图 3-2　2 阶最小二乘法多项式拟合

3.3.2　插值

插值是在已知数据点之间计算估计值的一种有价值的方法。通过插值,可以将无规律的、不连续的数据点经插值运算,得到一个近似的连续曲线,再经过数学工具分析处理,找出其内在的规律。如在信号处理和图形分析中,插值运算有着广泛的应用。插值分为一维插值和二维插值等。

1. 一维插值

一维插值是最常用的插值运算,它由函数 interp1 实现,其调用格式为:

```
yi = interp1(x,y,xi,"method")
```

其中,x、y 为给定的数据组;xi 是计算的 x 的位置;method 为所用的插值方法,对于一维插值,method 有以下 4 种选择方法。

(1) nearest——邻近点插值。它是将插值结果的值设置为最近数据点的值。

(2) linear——线性插值(默认方法)。它是在两个数据点之间连接直线,根据给定的插值点计算出它们在直线上的值,作为插值结果。

(3) spline——3 次样条插值。它是通过数据点拟合出 3 次样条曲线,根据给定的插值点计算出它们在曲线上的值,作为插值结果。

(4) cubic——立方插值。它是通过分段立方 Hermite 插值方法计算插值结果。

【例 3-21】　一维插值函数的 4 种插值方法的比较。

程序设计为:

```
x = 0:10;
>> y = sin(x);
>> xi = 0:0.25:10;
>> yi1 = interp1(x,y,xi,'nearest');        %邻近点插值方法
>> subplot(2,2,1)
>> plot(x,y,'o',xi,yi1)
>> yi2 = interp1(x,y,xi,'linear');         %线性插值方法
>> subplot(2,2,2)
>> plot(x,y,'o',xi,yi2)
>> yi3 = interp1(x,y,xi,'spline');         %3次样条插值方法
>> subplot(2,2,3)
>> plot(x,y,'o',xi,yi3)
>> yi4 = interp1(x,y,xi,'cubic');          %立方插值方法
>> subplot(2,2,4)
>> plot(x,y,'o',xi,yi4)
```

运行结果如图 3-3 所示。

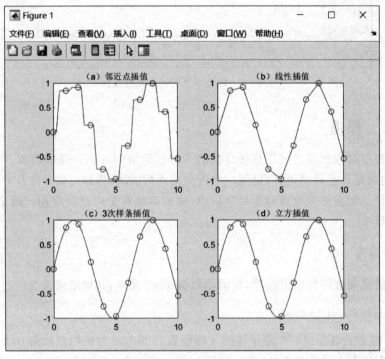

图 3-3　一维插值的 4 种方法

选择某一种插值方法时,考虑的因素包括运算时间、占用计算机内存和插值的光滑程度。一般来说,插值的结果越光滑,所需的时间和内存的占用就越多。

通过上述例子,这 4 种插值方法的各自特点如下。

(1) 邻近点插值方法的速度最快,但平滑程度最差。

(2) 线性插值方法比邻近点插值方法占用的内存多,运算时间较长,但其结果连续,只是在顶点处的斜率会改变。

(3) 3 次样条插值方法的运算时间最长,但内存的占用比立方插值方法要少,它的平滑性

是4种方法中最好的,但如果输入数据不一致或者数据点过近,其插值可能出现很差的效果。

(4) 立方插值方法比邻近点插值方法、线性插值方法占用的内存要多,运算的时间要长,其插值数据和导数都是连续的。

由于在许多情况下,3次样条插值方法的插值效果最好,MATLAB 提供了专门的3次样条插值函数 spline。

【例 3-22】 用 spline 函数实现3次样条插值。

程序设计为:

```
>> x = 0:10;
>> y = sin(x);
>> xi = 0:0.25:10;
>> yi = spline(x,y,xi);
>> plot(x,y,'o',xi,yi,'-')
```

运行结果如图 3-4 所示。

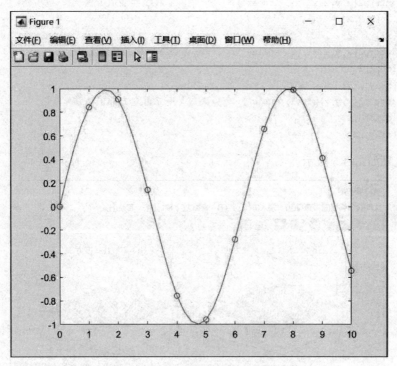

图 3-4 用 spline 函数实现3次样条插值

从图 3-3 和图 3-4 中可以看出,由 spline 函数计算的结果与 interp1 函数中使用的 spline 方法所得到的结果是一样的。

2. 二维插值

二维插值基于一维插值的基本思想,主要应用于图像处理和三维曲线拟合等领域。二维插值由函数 interp2 实现。它的调用格式为:

```
zi = interp2(x,y,z,xi,yi,"method")
```

其中,x、y、z 为给定的数据组;xi、yi 为计算的 x、y 的位置;method 为所用的二维插值方法,对于二维插值,method 有以下 4 种选择方法。

(1) nearest——邻近点插值。

(2) linear——线性插值(默认方法)。

(3) spline——3 次样条插值。

(4) cubic——二重立方插值。

【例 3-23】 二维插值函数的 4 种插值方法的比较。

程序设计为:

```
>> [x, y, z] = peaks(7);                      % 生成双峰函数值
>> [xi, yi] = meshgrid( - 3:0.2:3, - 3:0.2:3);   % 生成供插值的数据网格
>> z1 = interp2(x, y, z, xi, yi, 'nearest');     % 二维邻近点插值方法
>> subplot(2, 2, 1)
>> mesh(xi, yi, z1)
>> z2 = interp2(x, y, z, xi, yi, 'linear');      % 双线性插值方法
>> subplot(2, 2, 2)
>> mesh(xi, yi, z2)
>> z3 = interp2(x, y, z, xi, yi, 'spline');      % 3 次样条插值方法
>> subplot(2, 2, 3)
>> mesh(xi, yi, z3)
>> z4 = interp2(x, y, z, xi, yi, 'cubic');       % 二重立方插值方法
>> subplot(2, 2, 4)
>> mesh(xi, yi, z4)
```

运行结果如图 3-5 所示。

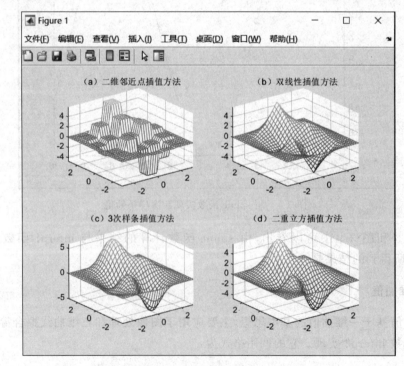

图 3-5　二维插值的 4 种方法比较

小结

MATLAB在数学演算方面有许多独特的优点,本章首先重点介绍了 MATLAB 在数值计算方面的功能,重点掌握多项式、线性方程的运算与求解。其次介绍了曲线拟合与插值的有关概念,通过应用使之成为构造系统数学模型的行之有效的方法。

习题

3.1 将 $(x-3)(x-4)(x-5)$ 展开为系数多项式的形式。

3.2 求多项式 $5x^3+6x^2+8x+2$ 和 x^3+7x^2+3x+2 的和与差。

3.3 求解多项式 $x^3-7x^2+2x+40$ 的根。

3.4 求解 $x=8$ 时多项式 $(x-1)(x-2)(x-3)(x-4)$ 的值。

3.5 计算多项式乘法 $(x^2+2x+2)(x^2+5x+4)$。

3.6 计算多项式除法 $(3x^3+13x^2+6x+8)/(x+4)$。

3.7 对下式进行部分分式展开:
$$\frac{3x^4+2x^3+5x^2+4x+6}{x^5+3x^4+4x^3+2x^2+7x+2}$$

3.8 求多项式 $4x^4-12x^3-14x^2+5x+9$ 的微分和积分。

3.9 求代数方程 $x^3+3x^2-4x+9=0$ 的解。

3.10 求线性方程组 $\begin{cases} x^2+xy+y=3 \\ x^2-4x+3=0 \end{cases}$ 的解。

3.11 求微分方程 $\dfrac{\mathrm{d}y}{\mathrm{d}x}=6y+4x$ 的通解。

3.12 求微分方程 $\dfrac{\mathrm{d}y}{\mathrm{d}x}=y^2+1, y(0)=1$ 的特解。

3.13 求微分方程组 $\begin{cases} \dfrac{\mathrm{d}y}{\mathrm{d}t}=y+2 \\ \dfrac{\mathrm{d}x}{\mathrm{d}t}=-x+1 \end{cases}$ 的通解。

3.14 求微分方程组 $\begin{cases} \dfrac{\mathrm{d}y}{\mathrm{d}t}=2x+5 \\ \dfrac{\mathrm{d}x}{\mathrm{d}t}=4y-3 \end{cases}$ 在 $y(0)=3, x(0)=1$ 时的特解。

3.15 设有如表 3-2 所示的数据表。

表 3-2 数据表

x	0	0.5	1	1.5	2	2.5	3	3.5
y	1	2.4	3.1	5.0	7	11	17	24

试采用最小二乘法对上述表格所提供的数据进行拟合。

3.16 有一组测量数据如表 3-3 所示,数据具有 $y = x^2$ 的变化趋势,用最小二乘法求解 y。

表 3-3 测量数据

x	1	1.5	2	2.5	3	3.5	4	4.5
y	-1.4	2.7	3	5.9	8.4	12.2	16.6	18.8

3.17 有一余弦衰减函数 $y = \cos x * \exp(-x/8)$,其中 $x = 0 : pi/4 : 3 * pi$,用 3 次样条法进行插值。

chapter 4

MATLAB图形绘制基础

MATLAB 提供了强大的绘图功能,应用 MATLAB 可以绘制二维、三维及多维图形,并且还可以对已有图形进行修饰。

4.1 二维图形

MATLAB 最常用的二维绘图命令是 plot,该命令将各个数据点用直线连接起来实现图形绘制。plot 的调用格式如下。

格式 1:

```
plot(x,y)
```

格式 2:

```
plot(x1,y1,x2,y2,...)
```

格式 3:

```
plot(x1,y1,参数 1,x2,y2,参数 2,...)
```

plot 可以在同一命令下的同一坐标系中画出多幅图形,x1、y1 为第一条曲线 x、y 轴的坐标值,参数 1 为第一条曲线的参数选项值;x2、y2 为第二条曲线 x、y 轴的坐标值,参数 2 为第二条曲线的参数选项值……参数选项值决定着二维曲线图形的颜色、线型和数据点标记,具体参数值见表 4-1 至表 4-3 所列的说明。如果省略参数选项值,MATLAB 将自动为每条曲线选取不同颜色加以区别。

表 4-1　颜色选项参数

颜　色	字　　符	颜　色	字　　符
红	r	粉红	m
绿	g	青	c
蓝	b	白	w
黄	y	黑	k

表 4-2 线型选项参数

线 型	符 号	示 例
实线	-	———————
虚线	--	---------
冒号线	:	··················
点画线	-.	— · — · — · — · —

表 4-3 数据标记点选项参数

符号	点类型	示 例	符号	点类型	示 例
·	点	······	^	上三角	△△△△△
+	十字号	+++++	v	下三角	▽▽▽▽▽
o	圆圈	oooooo	<	左三角	◁◁◁◁◁
*	星号	******	>	右三角	▷▷▷▷▷
x	叉号	×××××	p	五角星	☆☆☆☆☆
s	正方形	□□□□□	h	六角星	✿✿✿✿✿
d	菱形	◇◇◇◇◇			

在指定线型、颜色和标记点 3 种属性时应注意:①3 种属性的符号必须放在同一个字符串中;②可以只指定其中的 1 个属性,也可以同时指定 2 个或 3 个属性;③属性的先后顺序无关;④指定的属性中同种属性不能有 2 个以上。例如,plot(x,y,'r:o')命令,字符串'r:o'中,第一个字符'r'表示曲线颜色为红色;第二个字符':'表示曲线线型采用冒号型;第三个字符'o'表示曲线上每一数据点处用圆圈标出。

绘制完二维图形后,还可以做进一步的修饰,如可以用 grid on 命令在图形上添加网格线,用 grid off 命令取消网格线。另外,还可以用 hold on 命令保护当前的坐标系,使得以后再使用 plot 命令时将新的曲线叠印在原来的图上,用 hold off 命令可以取消保护状态;用户还可以使用 title、xlabel、ylabel 命令在绘制的图形上添加标题、给 x 坐标轴、y 坐标轴添加标注。这些命令将在后面作详细介绍。

【例 4-1】 绘制二维正弦曲线。

在 MATLAB"命令行"窗口中输入以下命令:

```
>> x = 0:pi/10:4 * pi;
>> y = 2 * sin(x);
>> plot(x,y)
```

运行结果如图 4-1 所示。

【例 4-2】 绘制多组二维曲线图。

在 MATLAB"命令行"窗口中输入以下命令:

```
>> x1 = 0:pi/20:4 * pi;
>> x2 = 0:pi/30:4 * pi;
>> x3 = 0:pi/40:4 * pi;
>> y1 = sin(x1);
>> y2 = 0.6 * sin(x2);
>> y3 = 0.3 * sin(x3);
>> plot(x1,y1,x2,y2,x3,y3)
```

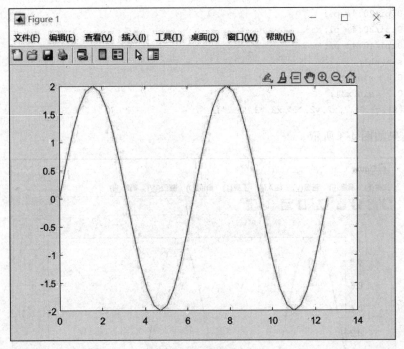

图 4-1 二维正弦曲线

运行结果如图 4-2 所示。

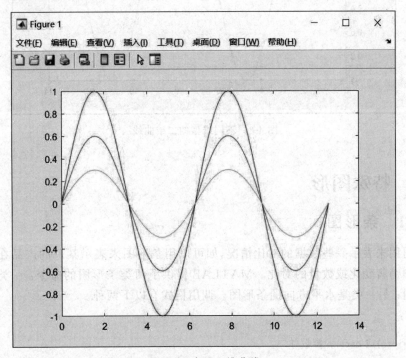

图 4-2 多组二维曲线

【例 4-3】 绘制多组不同线型的二维曲线图。

在 MATLAB"命令行"窗口中输入以下命令：

```
>> x1 = 0:pi/20:4 * pi;
>> x2 = 0:pi/30:4 * pi;
>> x3 = 0:pi/40:4 * pi;
>> y1 = sin(x1);
>> y2 = 0.6 * sin(x2);
>> y3 = 0.3 * sin(x3);
>> plot(x1,y1,'-',x2,y2,':',x3,y3,'-.')
```

运行结果如图4-3所示。

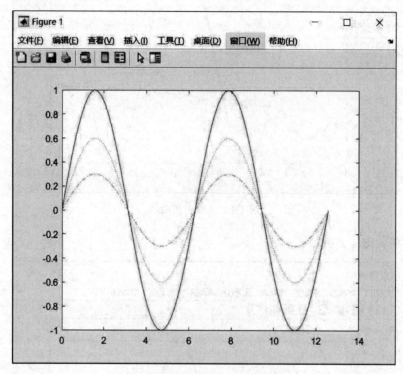

图4-3　不同线型的二维曲线

4.2　特殊图形

4.2.1　条形图

条形图用来表示一些数据的对比情况,如可以用条形图来表示某厂的产品在一段时间内的生产和销售变化或数量的对比。MATLAB提供了两类条形图的命令:一类是垂直方向的条形图;另一类是水平方向的条形图。调用格式有以下两种。

格式1:

bar(x,width)或 bar(x,'参数')

根据矩阵或向量 *x* 绘制条形图。width 为给定条形的宽度,默认值为 0.8,若 width＞1,则条形图重叠。

当 *x* 为向量时,则以其各元素的序号为各个数据点的横坐标,以 *x* 向量的各个元素为纵坐标,绘制一个垂直方向的条形图。

当 *x* 为矩阵时,对于参数的选择有两种情况：①若参数为 group 或默认,则以其各列序号为横坐标,每一列在其列序号坐标上分别以列的各元素为纵坐标,绘制一个垂直方向的条形图；②若参数为 stack,则以其各列序号为横坐标,每一列在其列序号坐标上以列向量的累加值为纵坐标,绘制一个垂直方向的分组式条形图。

格式 2：

barh(x,width)或 barh(x,'参数')

它与 bar 命令的使用方法相同,只不过绘制的是水平方向的条形图。

【例 4-4】 绘制不同情况的条形图。

在 MATLAB"命令行"窗口中输入以下命令：

```
>> x = [10,20,30:15,25,10:5,20,35];
>> subplot(121)
>> bar(x)
>> subplot(122)
>> barh(x)
```

运行结果如图 4-4 所示。

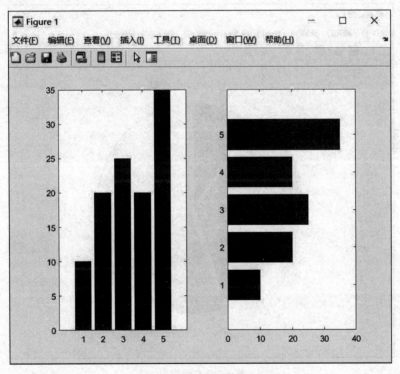

图 4-4　显示不同情况的条形图

4.2.2　饼图

饼图在统计中常用来表示各因素所占百分比,MATLAB 提供了二维饼图命令 pie(X)、三维饼图命令 pie3(X)来表示向量或矩阵 **X** 中各元素所占的比例。它们的调用格式如下。

格式 1：

```
pie(X)
```

根据 **X** 中的数据绘制二维饼图。

格式 2：

```
pie(X,explode)
```

根据 **X** 中的数据绘制二维饼图，参数 explode 表示某元素对应的扇形图是否从整个饼图中分离出来，若非零，则表示非零元素所对应的扇形图是从整个饼图中分离出来，它的维数与 **X** 相同。

格式 3：

```
pie3(X)
```

根据 **X** 中的数据绘制三维饼图，它是具有一定厚度的饼图，调用方法与二维饼图相同。

【例 4-5】 在"命令行"窗口创建向量 **X**，绘制二维饼图(见图 4-5)。

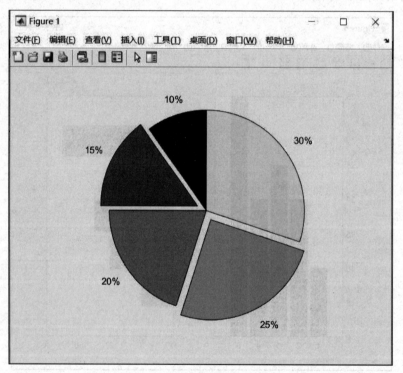

图 4-5 二维饼图

在 MATLAB"命令行"窗口中输入以下命令：

```
>> x = [10 15 20 25 30];
>> pie(x,[0 1 0 1 0])
```

从运行结果图 4-5 可以看到,该图形分为 5 块,按照命令第 2 块和第 4 块从整个饼图中分离出来。

【例 4-6】　在"命令行"窗口创建向量 **X**,绘制三维饼图(见图 4-6)。在 MATLAB"命令行"窗口中输入以下命令:

```
>> x = [10 15 20 25 30];
>> pie3(x,[0 1 0 1 0])
```

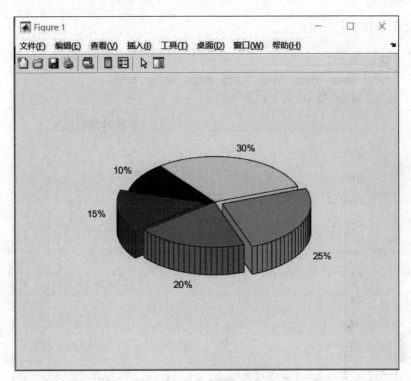

图 4-6　三维饼图

在绘制三维饼图时,当百分比的标注与图形重叠时,显示的数值可能不完全,这时可以使用"图形"窗口菜单栏中的"工具"菜单,选中下拉菜单中的"三维旋转"来改变视图,以得到理想的显示。

4.2.3　其他图形

MATLAB 还提供了绘制如梯形图、概率分布图等这样图形的命令。

梯形图表示系统的采样值,它的调用格式如下。

格式 1:

```
stairs(x)
```

格式 2:

```
stairs(x,y)
```

stairs(x)命令绘制以 **x** 的向量序号为横坐标,以 **x** 向量的各个对应元素为纵坐标的梯形图；stairs(x,y)命令绘制以 x 向量的各个对应元素为横坐标，以 y 向量的各个对应元素为纵坐标的梯形图。

【例 4-7】 绘制梯形图。

在 MATLAB"命令行"窗口中输入以下命令：

```
>> x = 0:0.2:10;
>> y = sin(x);
>> stairs(x,y)
```

运行结果如图 4-7 所示。

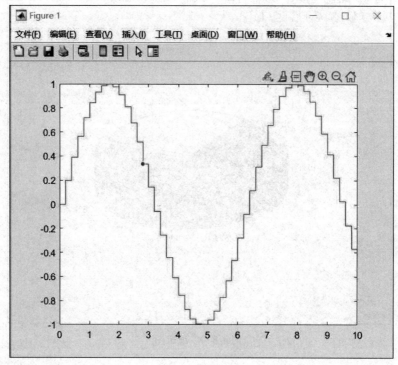

图 4-7　梯形图

概率分布图是由 MATLAB 提供用来研究随机系统的概率分布情况的二维图形。它的调用格式为：

```
hist(y,x)
```

绘制 y 在以 x 为中心的区间中分布的个数条形图。

4.3　三维图形

MATLAB 提供了各种各样的显示三维图形的命令，通过这些命令可以在三维空间中绘制三维曲线图、网格图、表面图、伪彩图和等高图，本节主要介绍常用的绘制三维图形的基本命令。

4.3.1　基本三维曲线图

MATLAB 提供了绘制三维曲线图最基本命令 plot3。该命令将绘制二维曲线图的命令 plot 的特性扩展到三维空间。其功能与使用方法类似于绘制二维曲线图形的 plot 命令。它的调用格式为：

```
plot3(x1,y1,z1,参数 1,x2,y2,z2,参数 2,…)
```

其中，x1,y1,z1,x2,y2,z2,…是矢量或矩阵；参数 1,参数 2,…是可选的字符串，用来指定颜色、标记点或线型。

【例 4-8】 绘制 *x*、*y*、*z* 均为矢量时的三维曲线。

在 MATLAB"命令行"窗口中输入以下命令：

```
>> t = 0:pi/50:10 * pi;
>> plot3(sin(t),cos(t),t);
>> grid
```

运行结果如图 4-8 所示。

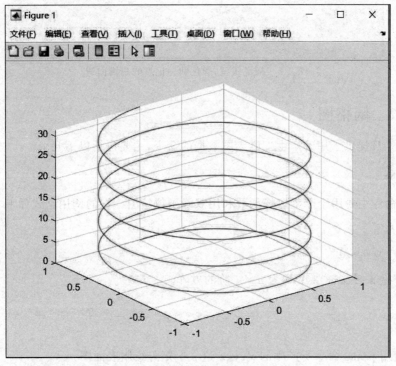

图 4-8　三维曲线

【例 4-9】 按指定的线型、颜色和标记点绘制三维曲线图。

在 MATLAB"命令行"窗口中输入以下命令：

```
>> t = 0:pi/20:5 * pi;
>> plot3(sin(t),cos(t),t,' * :r')
```

运行结果如图 4-9 所示。

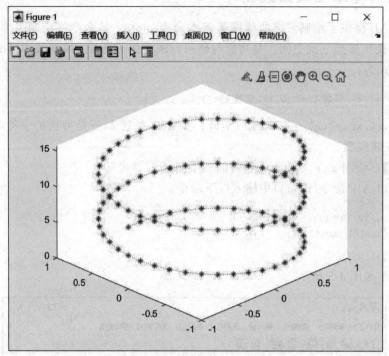

图 4-9　指定线型、颜色和标记点的三维曲线

4.3.2　网格图

MATLAB 提供了用于产生三维绘图数据的命令,主要包括以下几个。

1. peaks

peaks 命令主要用于产生双峰函数和用双峰函数绘图。它的调用格式如下。

格式 1:

```
[x,y,z] = peaks(n)
```

分别产生 x、y、z 这 3 个均为 $n \times n$ 阶的方阵。

格式 2:

```
peaks(n)
```

直接使用 peaks 命令所产生的 x、y、z 这 3 个矩阵绘制表面图。

2. meshgrid

meshgrid 命令主要按指定方式生成网格矩阵,它的调用格式为:

```
[X,Y,Z] = meshgrid (x,y,z)
```

分别产生 X、Y、Z 这 3 个 $m \times n \times k$ 阶的矩阵,矩阵的阶数由 x、y、z 这 3 个向量的长度 m、n、k 确定,X、Y、Z 这 3 个矩阵表示三维空间的网络。

MATLAB 提供了 mesh 命令来绘制矩阵 z 的三维网格图,即不着色的表面图。它所产生的网格形表面由生成 x-y 平面的网格对应的 z 坐标定义,图形由邻近点用直线连接而成。它的调用格式如下。

格式 1:

```
mesh(z)
```

绘制分别以 $m \times n$ 阶矩阵 z 的行数和列数为 x 轴坐标、y 轴坐标,以 z 的对应元素值为 z 轴坐标的二维网格图形。

格式 2:

```
mesh(x,y,z)
```

绘制分别以矩阵 x、y、z 的元素值为坐标的三维网格图,x、y、z 必须为同阶矩阵。

【例 4-10】 用 MATLAB 的 peaks 函数绘制一个简单的网格图。

在 MATLAB"命令行"窗口中输入以下命令:

```
>> [x,y,z] = peaks(30);
>> mesh(x,y,z)
>> grid
>> xlabel('x轴');
>> ylabel('y轴');
>> zlabel('z轴');
>> title('函数 peaks 的网格图')
```

运行结果如图 4-10 所示。

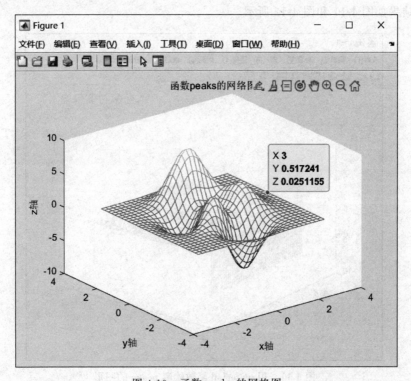

图 4-10 函数 peaks 的网格图

4.3.3 特殊三维图形

MATLAB还提供了绘制以下几种图形的方法。

(1) stem3 绘制三维火柴杆形图形。

(2) fill3 绘制三维填充图形。

(3) bar3 绘制三维直方图形。

(4) surf 绘制三维曲面。

(5) surfc 绘制带等高线的三维曲面。

(6) surf1 绘制带有光照的三维图面。

(7) waterfall 绘制瀑布形三维网格图形。

(8) contour 绘制等高线图形。

(9) contour3 绘制等高线图形。

(10) meshc 绘制带等高线的三维网格图形。

(11) meshz 绘制带底座的三维网格图形。

【例 4-11】 设计一个程序,分别用 waterfall 函数和 contour 函数绘制 peaks 的三维立体函数图形。

在 MATLAB"命令行"窗口中输入以下命令:

```
>> [x, y, z] = peaks;
>> waterfall(x, y, z)                    % 绘制瀑布形三维网格图形
>> contour(z)                            % 对 z 轴取等高线图
```

运行结果如图 4-11 和图 4-12 所示。

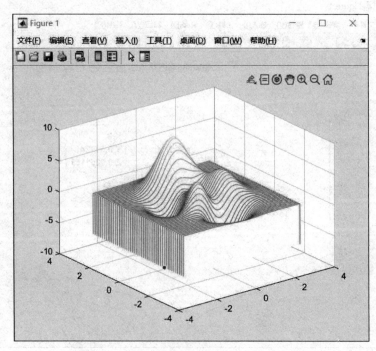

图 4-11　用 waterfall 函数绘制 peaks 的图形

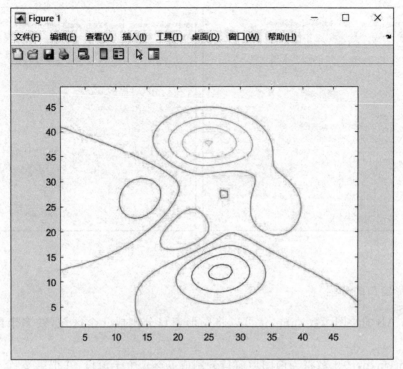

图 4-12 用 contour 函数绘制 peaks 的图形

4.4 图形的控制与修饰

MATLAB 提供了一系列图形修饰函数,用于对 plot 函数绘制的图形进行修饰和控制,下面介绍几个常用的函数。

4.4.1 图形窗口的创建与分割

1. 图形窗口的创建

MATLAB 的所有图形都显示在特定的窗口中,称为图形窗口(Figure)。Figure 函数用于为当前绘制的图形创建图形窗口。

每运行一次 Figure 函数,就会创建一个新的图形窗口,根据绘图需要,可以创建多个图形窗口。每个图形窗口有一个标题编号,显示在图形窗口的左上角,如图 4-13 所示。

当存在多个图形窗口时,则需要指定将哪一个图形窗口作为当前窗口。figure(n)表示将第 n 个图形窗口作为当前图形窗口,也可以单击要指定的图形窗口,选作当前窗口。

clf 函数用于消除当前图形窗口中的内容,以便于重新绘图时不出现混淆。

shg 函数用于显示当前图形窗口。

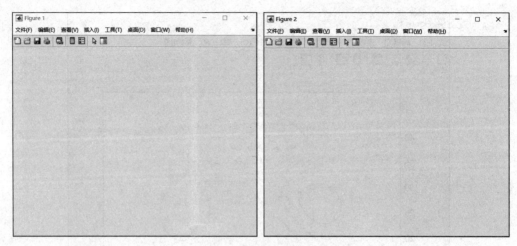

图 4-13　图形窗口

2. 图形窗口的分割

MATLAB 的绘图函数 subplot 可以将图形窗口分割成几个区域,在多个区域中分别绘图。

subplot(m,n,p)函数将当前图形窗口分割成 $m \times n$ 个子窗口,并把第 p 个子窗口作为当前图形窗口,子窗口的排列顺序按照"先上后下,先左后右"的原则,从图形窗口的左上角开始。另外,m、n 和 p 前面的逗号可以省略。

【例 4-12】　在同一图形窗口中绘制 4 个子窗口。

在 MATLAB"命令行"窗口中输入以下命令:

```
>> x = 0:0.05:10;
>> y1 = sin(x);
>> y2 = 1.5 * sin(x);
>> y3 = cos(x);
>> y4 = 3 * cos(2 * x);
>> subplot(2,2,1)                    % 第 1 个子窗口
>> plot(x,y1);
>> title('sin(x)');
>> subplot(2,2,2)                    % 第 2 个子窗口
>> plot(x,y2);
>> title('1.5 * sin(x)');
>> subplot(2,2,3)                    % 第 3 个子窗口
>> plot(x,y3);
>> title('cos(x)');
>> subplot(224)                      % 第 4 个子窗口,并且省略了逗号
>> plot(x,y4);
>> title('3 * cos(2 * x)');
```

运行结果如图 4-14 所示。

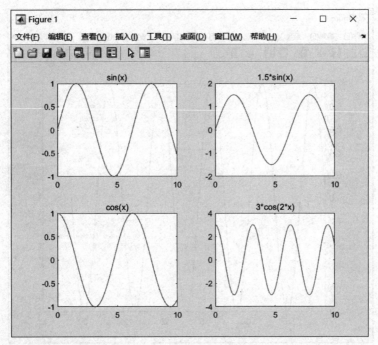

图 4-14   例 4-12 的 4 个子窗口

4.4.2   坐标轴控制函数

MATLAB 用 axis 函数对绘制的图形的坐标轴进行调整。axis 函数的功能非常丰富，可用它控制坐标轴的比例和特性。

坐标轴比例控制函数的调用方式为：

```
axis([xmin xmax ymin ymax])
```

它将图形的 x 轴范围限定在 $[x_{\min},x_{\max}]$ 之间，y 轴范围限定在 $[y_{\min},y_{\max}]$ 之间。MATLAB 绘制图形时，按照给定的数据值确定坐标轴参数范围。对坐标轴范围参数的修改，也就相当于对原图形进行放大或缩小处理。

【例 4-13】   使用 axis 函数绘制正弦图形。

在 MATLAB“命令行”窗口中输入以下命令：

```
>> x = 0:pi/12:10 * pi;
>> y = sin(x);
>> plot(x,y);
>> axis([ - inf inf - 1 1]);
```

运行结果如图 4-15 所示。

此外，MATLAB 还提供了另外一些坐标轴控制函数，具体如下。

（1）axis auto：设置坐标轴为自动刻度（默认值）。

（2）axis tight：以数据的大小为坐标轴的范围。

（3）axis square：使各坐标轴长度相同（正方形或立方形），但刻度增量未必相同。

（4）axis equal：使各坐标轴刻度增量相同。

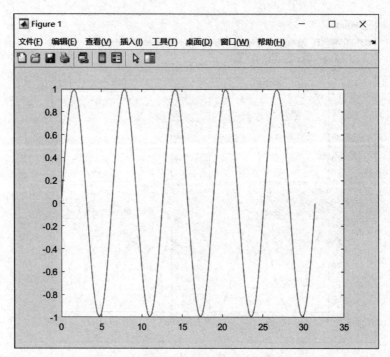

图 4-15   使用 axis 函数绘制的正弦曲线

(5) axis xy：使坐标轴回到直角坐标系(默认值)。

(6) axis normal：自动调节轴与数据的外表比例，使其他设置失效。

(7) axis manual：保持刻度范围不随数据的大小而变化。

(8) axis off：使坐标轴隐藏。

(9) axis on：绘制坐标轴(默认值)。

4.4.3   图形的标注

一个好的图形必须有适当的图形标注，MATLAB 提供了一系列方便的图形标注函数，这些函数有以下几个。

- title('字符串')：给当前图形窗口加图形标题，位置在图形的上方。
- xlabel('字符串')：给当前坐标轴的 x 轴加标注。
- ylabel('字符串')：给当前坐标轴的 y 轴加标注。
- zlabel('字符串')：给当前坐标轴的 z 轴加标注。
- text(x,y,'字符串')：在 x、y 指定位置处加注文本。
- gtext('字符串')：在指定的位置上加注文本。
- legend('字符串')：标注图例。

图形标注使用的文字可以是字母和数字，如输入特定的文字需要用反斜杠(\)开头，具体内容见附录 B。

【例 4-14】   设计一段程序，在同一坐标下绘制 $y = \sin x$ 和 $y = \cos x$ 两条函数曲线，并给出坐标轴标注和图形标题。

在 MATLAB"命令行"窗口中输入以下命令：

```
>> x = 0:0.01:2 * pi;
>> y1 = sin(x);
>> y2 = cos(x);
>> plot(x,y1,x,y2);
>> title('曲线 y1 = sin(x)和 y2 = cos(x)');        % 给图形加题标
>> xlabel('X - 轴');                              % 给 X 轴加标注
>> ylabel('Y - 轴');                              % 给 Y 轴加标注
```

运行结果如图 4-16 所示。

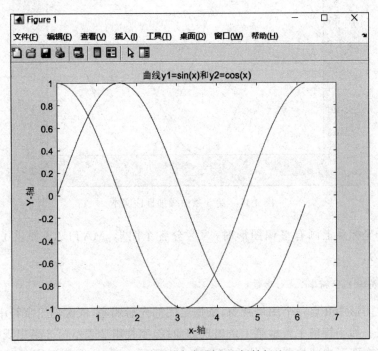

图 4-16　给图形加标题和坐标轴标注

【**例 4-15**】　设计一段程序,在同一坐标系下绘制下列 3 个函数曲线,各曲线以文本标注配合折线作进一步提示。①$y = \sin x$;②$y = \cos x$;③$y = \sin x \cos x$。

在 MATLAB"命令行"窗口中输入以下命令:

```
>> x = 0:0.01:2 * pi;
>> y1 = sin(x);
>> y2 = cos(x);
>> y3 = sin(x). * cos(x);
>> plot(x,y1,x,y2,x,y3);
>> gtext('y1 = sin(x)');                    % gtext('字符串')在指定位置处标注文本
>> gtext('y2 = cos(x)');
>> gtext('y3 = sin(x). * cos(x)')
```

运行结果如图 4-17 所示。

通过本例可知,在使用 gtext('字符串')这个函数时,在图形窗口中会出现一个随光标移动的大十字交叉线,移动光标将大十字线的交叉点移到适当的位置并单击,'字符串'内容就标注在该位置上。

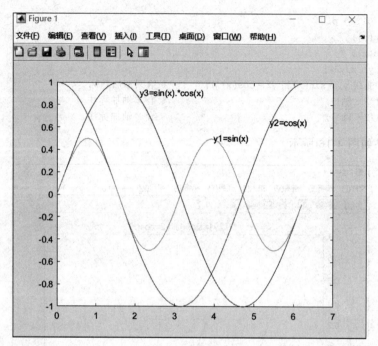

图 4-17   给 3 条曲线加标注文本

当在一个坐标系上画有多幅图形时,为区分各个图形,MATLAB 提供了图例标注函数,调用格式为:

```
legend(字符串 1,字符串 2,...,参数)
```

此函数在图形中开启一个图例视窗,依据绘图的先后顺序,依次输出字符串对各个图形进行标注说明。如字符串 1 表示第 1 条出现的曲线,字符串 2 表示第 2 条出现的曲线,参数确定图例视窗在图形中的位置,具体内容如表 4-4 所示。同时,图例视窗可以用鼠标拖动,以便将其放置在一个合适位置。

表 4-4   图例参数表

参 数 值	含 义
0	图例位置取最佳位置
1	图例位置位于图形的右上角(默认值)
2	图例位置位于图形的左上角
3	图例位置位于图形的左下角
4	图例位置位于图形的右下角
−1	图例位置位于图形外的右侧

【**例 4-16**】 绘制图 4-18 所示曲线,要求带图例。
在 MATLAB"命令行"窗口中输入以下命令:

```
>> x = 0:0.2:12;
>> plot(x,sin(x),' - ',x,2 * cos(x),':');
>> legend('曲线 1','曲线 2');
```

运行结果如图 4-18 所示。

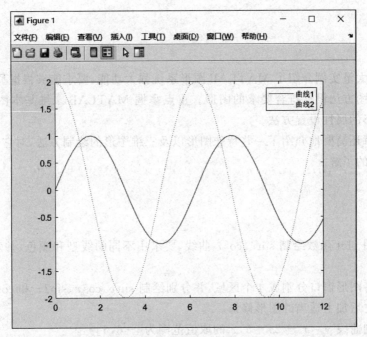

图 4-18　给图形加图例

设置或取消网格需要使用网格控制函数。网格是在坐标刻度标示上画出的格线。画出格线,便于对曲线进行观察和分析,函数如下。

grid on:在所画的图形中添加网格线。

grid off:在所画的图形中删除网格线。

也可以只输入函数 grid 添加网格线,再一次输入函数 grid,则取消网格线,如图 4-19 所示。

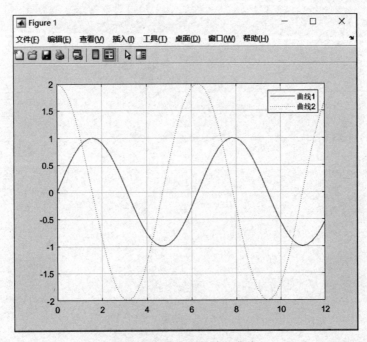

图 4-19　带有网格线的曲线

小结

本章通过大量实例介绍了 MATLAB 图形系统强大功能,要求能够根据具体参数,灵活使用所学的绘图方法设计符合要求的图形。重点掌握 MATLAB 二维基本图形的种类、图形的绘制、图形的属性设置方法。

此外,本章还简要地介绍了一些特殊图形以及三维图形的绘制方法,对它们的功能和应用要有一般性的了解。

习题

4.1 使用 plot 函数绘制 $\sin x$、$\cos x$ 曲线,要求用不同的线型和颜色,并对两条曲线加标注以区分。

4.2 试将图形窗口分割成 4 个区域,并分别绘制 $\sin x$、$\cos x$、$\sin 2x$ 和 $\cos 2x$ 在$[0, 2\pi]$区间的图形,之后加上适当的图形修饰。

4.3 绘制曲线 $y = x^3 + 2x + 5$,x 的取值范围为$[-6, 6]$。

4.4 使用 plot(t, y)绘制函数 $y = e^{(a+4)t}$,t 的变化范围为 $0 \sim 10$,其中分别取 $a = -0.1$、$a = -0.2$。

4.5 在题 4.4 结果图中添加题标 $y = e^{(a+4)t}$ 和图例框。

4.6 编制 MATLAB 程序,要求绘制两条曲线,一条为正弦曲线,另一条为余弦曲线,自变量的取值范围为$[0, 2\pi]$,以 $\pi/10$ 为步长,正弦曲线为绿色,余弦曲线为红色,增添图例分别为"正弦曲线"和"余弦曲线"。

chapter 5

MATLAB程序设计

5.1　M 函数与 M 文件

MATLAB 中的许多复杂函数或命令都是由 M 函数所构成的 M 文件实现的,如插值运算、求特征值等,用户可以根据 M 函数编制自己所需要的 M 函数或 M 文件,完成功能更为复杂的运算。

5.1.1　M 文件编辑器与编译器

进入 MATLAB 的默认操作桌面后可单击"新建脚本"按钮进入 M 文件编辑器/编译器。图 5-1 所示是一个集编辑与调试两种功能于一体的工具环境,在进行代码编辑时,它可以用不同的颜色显示注解、关键词、字符串和一般程序代码,使用非常方便,在输入 M 文件后可对 M 文件进行调试、运行。

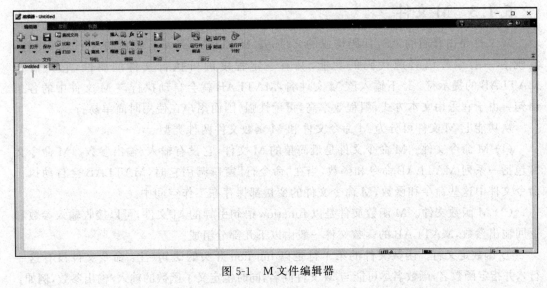

图 5-1　M 文件编辑器

5.1.2 M 函数

MATLAB 的 M 函数是特殊的 M 文件,由 function 语句引导,其格式为:

```
function[y1,y2,...] = fun(x1,x2,...)
```

或

```
function    函数名
```

其中,fun 为用户自定义的函数名,只要不与 MATLAB 的库函数名相同,并且符合字符串的书写规则即可;y1、y2、…和 x1、x2、…分别为输入参数和输出参数,它们可以是形参,也可以是实参。如果由 function 定义语句中没有输入、输出参数,则可以将 M 文件简单定义为格式 2 形式。M 函数文件一般在 M 文件编辑器中创建。

【例 5-1】 用 M 函数完成 $y = 3x^2 + 5$ 的运算。

打开 M 文件编辑器,在该编辑器窗口中编写以下内容:

```
function [y] = fun(x)
y = 3 * x^2 + 5;
```

保存,该 M 函数命名应与用户自定义的函数名相同,即为 fun,然后在 MATLAB 的"命令行"窗口中输入 x 值:

```
>> x = 2
x =
    2
```

再在 MATLAB 的"命令行"窗口中调入 fun 函数,运行结果如下:

```
>> y = fun(x)
y =
    17
```

5.1.3 M 文件

M 文件是由普通的 ASCII 码构成的文件,是 MATLAB 最具有特色的一个文件结构,它既有一般编程语言源代码的功能,又有一定程度的可执行文件的属性,它只需在 MATLAB 的提示符>>下输入该 M 文件名,MATLAB 就会自动执行该 M 文件中的各条语句。由于它采用文本方式,编程效率高,可读性强,因而用户在使用时简单易行。

从功能上 M 文件可分为 M 命令文件和 M 函数文件两种类型。

(1) M 命令文件。M 命令文件是最简单的 M 文件,它没有输入/输出参数。M 命令文件包括一系列 MATLAB 命令和函数,当在"命令行"窗口调用它时,MATLAB 会自动执行命令文件中这些命令和函数,M 命令文件的变量都保存在工作空间中。

(2) M 函数文件。M 函数文件是以 function 语句引导的 M 文件,可以接收输入参数和返回输出参数,MATLAB 的函数文件一般由以下几部分组成。

① 函数定义行。函数文件的第 1 行是以 function 开头的语句(注:命令文件没有这一行),并指定函数名,函数名尽可能与 M 文件同名,同时也定义了函数的输入/输出参数,例如:

```
function y = fliplr(x)
```

② H1 行。H1 行是帮助文本的第 1 行,它紧跟在定义行之后,以"%"开始,是供 lookfor 命令搜索的行。该行从总体上概括说明函数名和函数的功能,例如:

```
FLIPLR Flip matrix in left/right direction.
```

③ 帮助文本。帮助文本是从 H1 行到函数体之间的帮助内容,也是以"%"开始,用于详细介绍函数的功能和用法以及其他说明。当需要帮助时,返回该文本。例如,在 MATLAB 的"命令行"窗口中输入 help fliplr,则返回例 5-2 中前 8 行注释,即:

```
>> help fliplr
FLIPLR Flip matrix in left/right direction.
    FLIPLR(X) returns X with row preserved and columns flipped
    in the left/right direction.
    X = 1 2 3       becomes 3 2 1
        4 5 6               6 5 4
    See also FLIPUD, ROT90, FLIPDIM.
```

④ 函数体。函数体是函数文件的主体部分,函数体中包括该函数文件的全部程序代码,在函数体中可以包括流程控制、输入/输出、计算、赋值、注释、图形功能以及其他函数和命令文件的调用。

⑤ 注释。除了函数文件开始部分的帮助文件外,可以在函数文件的任何位置添加注释语句,注释语句可以在一行的起始处,也可以跟在一条可执行语句的后面(同一行中),不管在什么地方,注释语句必须以"%"开始,MATLAB 在执行 M 文件时将每一行中"%"后面的内容全部作为注释,不予执行。

【例 5-2】 以 fliplr 为例说明函数文件的组成。

```
function y = fliplr(x)
% FLIPLR Flip matrix in left/right direction.
%     FLIPLR(X) returns X with row preserved and columns flipped
%     in the left/right direction.
%
%     X = 1 2 3       becomes 3 2 1
%         4 5 6               6 5 4
%
%     See also FLIPUD, ROT90, FLIPDIM.

%     Copyright 1984 - 2001 The MathWorks, Inc.
%     $ Revision: 5.8 $  $ Date: 2001/04/15 12:02:39 $

if ndims(x)~= 2, error('X must be a 2 - D matrix.'); end
[m,n] = size(x);
y = x(:,n: - 1:1);
```

对于简单的程序,可以不必建立 M 文件,只要把相应的语句直接输入 MATLAB 的"命令行"窗口即可,对于较复杂的程序,则需要建立 M 文件。

通常情况下,一个工程作业只需要一个命令文件,其主要功能是组织函数文件,完成复杂的计算任务。当有命令文件时，只要在"命令行"窗口中输入命令文件的名称，就可以自动完成规定的全部任务；当没有命令文件但有一个主函数(即 M 文件中的第 1 个函数)时，只需在"命令行"窗口输入初始数据，该函数文件的函数语句就可以自动完成所规定的全部任务。

一个工程作业可能需要很多函数文件，这些函数文件是工程作业的核心内容，函数文件也就是用户文件，可以把它们看成库函数，供任何工程作业调用。

【例 5-3】　在"命令行"窗口中实现矩阵和向量的定义与赋值，并完成矩阵与矩阵相乘和矩阵与向量相乘的运算。

在"命令行"窗口中输入以下命令：

```
>> a = [5 6 7;9 4 6;4 3 6];
>> b = [3 4 5;5 7 9;7 3 1];
>> x = [5 6 7]';
>> c = a * b
```

运行结果为：

```
c =
    94    83    86
    89    82    87
    69    55    53
>> y = a * x
y =
   110
   111
    80
```

【例 5-4】　在 M 文件编辑器中建立一个名为 fun.m 的命令文件，内容与例 5-3 一致。
打开 M 文件编辑器窗口，在该窗口中编写以下内容：

```
>> a = [5 6 7;9 4 6;4 3 6];
>> b = [3 4 5;5 7 9;7 3 1];
>> x = [5 6 7]';
>> c = a * b
>> y = a * x
```

保存，命名为 fun，然后在 MATLAB 的"命令行"窗口中输入命令文件名，即：

```
>> fun
```

运行结果为：

```
a = [5 6 7;9 4 6;4 3 6];
b = [3 4 5;5 7 9;7 3 1];
x = [5 6 7]';
c = a * b
c =
    94    83    86
    89    82    87
    69    55    53
```

```
y = a * x
y =
    110
    111
     80
```

【例 5-5】 在 M 文件编辑器中建立一个名为 fun.m 的函数文件,内容与例 5-1 一致。

打开 M 文件编辑器窗口,在该窗口中编写以下内容:

```
function [y] = fun(x)
y = 3 * x^2 + 5;
```

保存,命名为 fun,然后在 MATLAB 的"命令行"窗口中输入 x 值:

```
>> x = 2
x =
     2
```

再在 MATLAB 的"命令行"窗口中调入 fun 函数文件,可得:

```
>> y = fun(x)
y =
    17
```

【例 5-6】 利用命令文件和函数文件,编制一个绘图程序。

首先建立两个函数文件,一个名为 fun1.m,另一个名为 fun2.m。它们的程序如下:

```
fun1.m                              fun2.m
function[y] = fun1(x)               function [y] = fun2(x)
y = 10./(1 + x.^2)                  y = 5 + 4 * sin(x)
```

接着建立一个名为 z.m 的命令文件,它的程序如下:

```
x = - pi:pi/4:pi;
y = fun1(x);
z = fun2(x);
plot(x,y,x,z);
```

在 MATLAB 的"命令行"窗口中直接输入命令文件名 z,可得:

```
>> z
x = - pi:pi/4:pi;
y = fun1(x);
y =
    0.9200    1.5263    2.8840    6.1849    10.0000    6.1849    2.8840    1.5263
0.9200
z = fun2(x);
y =
    5.0000    2.1716    1.0000    2.1716    5.0000    7.8284    9.0000    7.8284
5.0000
plot(x,y,x,z);
```

绘图结果如图 5-2 所示。

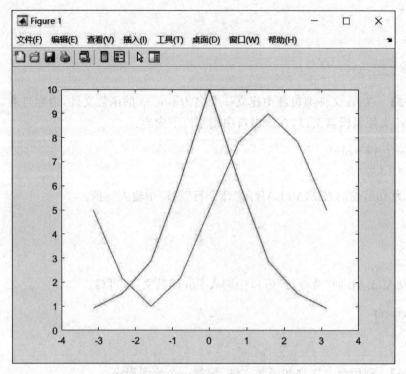

图 5-2　例 5-6 的图形

5.2　MATLAB 的程序结构

为了编写一个高质量的 MATLAB 程序,有必要学会 MATLAB 语言的控制语句,用户只有熟练掌握这方面的内容,才能编制出高质量的程序。从 MATLAB 编程角度来看,MATLAB 的编程结构一般分为顺序结构、循环结构、分支结构 3 种。顺序结构是指程序按用户输入命令语句逐条顺序执行;循环结构、分支结构都有其特定的语句,为了增强其程序的可读性,MATLAB 提供了有关它们的 4 种高级控制结构,具体如下。

(1) for…end。

(2) while…end。

(3) if…else…end。

(4) switch…case…end。

5.2.1　顺序结构

顺序结构是最简单的程序结构。用户在编写完程序后,系统就将按照程序的实际位置逐一顺次执行。因此,这种程序比较容易编制,但是,由于它不包含其他的控制语句等内容,程序结构相对比较单一,实现的功能也比较有限。对于比较简单的程序而言,使用顺序结构来编程还是能够很好地解决问题的。

【例 5-7】　求 a、b 两个数组的和。

程序设计为:

```
>> a = [1 2 3];
>> b = [4 5 6];
>> c = a + b
```

运行结果为：

```
c =
    5    7    9
```

可见，系统是依次执行各条命令语句，并将结果显示出来。

5.2.2 循环结构

在实际问题中经常会遇到许多有规律的重复运算，因此，在程序设计中需要将某些语句重复执行。一组被重复执行的语句称为循环体，每循环一次，都必须做出是否继续重复执行的决定，这个决定所依据的条件称为循环的终止条件。MATLAB 提供了两种循环结构，即 for 循环结构和 while 循环结构。

1. for 循环结构

for 循环语句允许按照给定的判断范围或给定的循环次数重复完成一次或多次运算。它从 for 开始，用 end 结束，也称为 for...end 结构，它的基本格式为：

```
for    循环变量 = 初值：步长：终值
        执行语句1
        ⋮
        执行语句n
end
```

其中，步长的默认值为 1，可以省略；初值、步长、终值可以是正数也可以是负数，还可以是整数，也可以是小数，只要符合数学逻辑即可。

【例 5-8】 求 $1^2 + 2^2 + 3^2 + 4^2 + 5^2$ 的和。

程序设计为：

```
>> sum = 0;
>> for n = 1:5
    sum = sum + n^2;
    end
```

在 MATLAB 的"命令行"窗口中输入 sum，即

```
>> sum
```

运行结果为：

```
sum =
    55
```

另外，for 循环结构还可以实现嵌套使用，它可以多次嵌套 for 循环结构或是和其他的结构形式嵌套使用，这样用户就可以利用它的嵌套功能实现更为复杂的功能。下面就是一个使用嵌套的简单示例。

【例 5-9】 使用 for 循环求 $\sum\limits_{i=1}^{5} i!$ 的值。

程序设计为：

```
>> sum = 0;
>> for i = 1:5;
    p = 1;
        for j = 1:i
        p = p * j;
        end
    sum = sum + p;
end
```

在 MATLAB 的"命令行"窗口中输入 sum，即

```
>> sum
```

运行结果为：

```
sum =
  153
```

【例 5-10】 设计一个九九乘法表。

程序设计为：

```
>> for i = 1:9
        for j = 1:9
        a(i,j) = i. * j;
         end
    end
```

在 MATLAB 的"命令行"窗口中输入 a，即

```
>> a
```

运行结果为：

```
a =
     1     2     3     4     5     6     7     8     9
     2     4     6     8    10    12    14    16    18
     3     6     9    12    15    18    21    24    27
     4     8    12    16    20    24    28    32    36
     5    10    15    20    25    30    35    40    45
     6    12    18    24    30    36    42    48    54
     7    14    21    28    35    42    49    56    63
     8    16    24    32    40    48    56    64    72
     9    18    27    36    45    54    63    72    81
```

2. while 循环结构

MATLAB 还提供了另外一种循环结构——while 循环结构。它根据给定的条件，决定是否以不确定的循环次数来执行循环语句体，该循环结构的基本格式为：

```
while  条件表达式
      执行语句1
        ⋮
      执行语句n
end
```

其执行方式为：若条件表达式中的条件成立,则执行循环语句体；如果表达式不成立,则执行 end 后面的语句。

【例 5-11】 求 $1+2+3+4+5+\cdots+10$ 的和。

程序设计为：

```
>> s = 0;
>> n = 1;
>> while n <= 10                                      % 设置循环条件
      s = s + n;
      n = n + 1;
    end
```

在 MATLAB 的"命令行"窗口中输入 s,即

```
>> s
```

运行结果为：

```
s =
  55
```

【例 5-12】 设计一段程序,求 $1 \sim 100$ 的奇数和。

程序设计为：

```
>> x = 1;
>> sum = 0;
>> while x < 101
sum = sum + x;
x = x + 2;
end
```

在 MATLAB 的"命令行"窗口中输入 sum,即

```
>> sum
```

运行结果为：

```
sum =
      2500
```

while 循环结构也可以实现嵌套,其结构为：

```
while 条件表达式1
    循环语句体1
    while 条件表达式2
        循环语句体2
    end
```

循环语句体 3
end

5.2.3　分支结构

除了前面介绍的顺序结构、循环结构外,MATLAB 还提供了分支结构语句,使得 MATLAB 在编程过程中更灵活、更易于使用。

1. if...end 结构

这种分支结构是该结构中最简单的一种应用形式,它的结构格式为:

```
if 条件表达式
    ⋮
    语句体
    ⋮
end
```

该结构只有一个判断语句,当条件表达式为真时,就执行语句体;如果条件表达式为假,则跳出条件体,而直接执行 end 后面的语句。

【例 5-13】　用 if...end 结构编写一段程序,要求满足条件时系统显示"成立"。

在 MATLAB 的"命令行"窗口中设计的程序为:

```
>> a = 100;
>> b = 20;
>> if a > b
   '成立'
end
```

运行结果为:

```
ans =
    成立
```

2. if...else...end 结构

这种分支结构的格式为:

```
if   表达式
        语句体 1
    else
        语句体 2
end
```

此时,如果表达式为真,则系统将执行语句体 1;如果表达式为假,则系统将执行语句体 2。

【例 5-14】　使用 if...else...end 结构编写一段程序,要求满足条件时系统显示"成立";不满足条件时系统显示"不成立"。

程序设计为:

```
>> a = 100;
```

```
>> b = 20;
>> if a > b
    '成立'
    else
    '不成立'
  end
```

运行结果为：

```
ans =
        成立
```

3. switch…case…end 结构

switch…case…end 结构是通过与某个表达式的值进行比较，根据比较的结果做不同的选择，以实现程序的分支功能，它的结构格式为：

```
switch    表达式(数值或字符串)
        case 数值或字符串 1
            语句体 1;
        case 数值或字符串 2
            语句体 2;
            ⋮
        otherwise
            语句体 n;
end
```

switch 后面表达式的值为数值变量或字符变量，通过这些值与 case 后面数值或字符串的值进行比较，与哪一个 case 的值相同就执行哪一个 case 下面的语句体，如果与所有 case 的值都不相同，则执行 otherwise 下面的语句体。otherwise 语句可以省略，如果省略 otherwise，所有 case 都不满足时跳出分支结构，另外 switch 必须与 end 配对使用。

【例 5-15】 使用 switch…case…end 结构，判断输入数值的符号极性。

在"命令行"窗口中输入以下命令，判断输入值的符号极性。

```
>> input_num = input('输入数 = ');
    switch input_num >= 0;
        case 0;
            disp('输入数为负数');
        case 1;
            disp('输入数为正数或零');
    end
```

运行结果为：

```
输入数 = 12
输入数为正数或零
```

5.2.4 程序流程控制

1. continue 语句

continue 语句的功能就是在用 for 循环结构和 while 循环结构中跳过某些执行语句。

在 for 循环结构和 while 循环结构中,一般通过 if 语句来使用 continue 语句,当 if 语句满足一定条件时,就调用 continue 语句,跳过循环体中所有剩余的语句,继续下一次循环。在嵌套循环中,continue 语句控制执行本嵌套中的下一次循环。

【例 5-16】 continue 语句的应用示例。

在 MATLAB 的"命令行"窗口中输入以下程序:

```
>> a = 2;
>> b = 4;
>> for i = 1:3
   a = a + 1
     if i < 2
      continue
     end                           % 分支结构结束
    b = b + 2
   end                             % 循环结构结束
```

运行结果为:

```
a =
   3
a =
   4
b =
   6
a =
   5
b =
   8
```

2. break 语句

break 语句通常用于终止 for 循环结构和 while 循环结构的执行。与 if 语句一同使用,当 if 语句后面的表达式为真时,调用 break 语句退出循环体,执行循环体外的下一行语句。在嵌套循环中,break 只存在于最内层的循环中。

【例 5-17】 break 语句的应用示例。

在 MATLAB 的"命令行"窗口中输入以下程序:

```
>> a = 3;
>> b = 6;
>> for i = 1:3
   b = b + 1
     if i > 2
     break
     end
   a = a + 2
   end
```

运行结果为：

```
b =
    7
a =
    5
b =
    8
a =
    7
b =
    9
```

从中可以看到，当 if 语句后面的表达式为假时，程序执行 a＝a＋2；当 if 语句后面的表达式为真时，程序执行 break 语句，跳出循环体。

3. return 语句

return 语句用于终止当前的命令序列，并返回到调用的函数或键盘，也用于终止 keyboard 方式。在 MATLAB 中，被调用的函数运行结束后会自动返回到调用函数，使用 return 语句时将 return 插入被调用函数的某一位置，根据某种条件迫使被调用函数提前结束并返回调用函数。通常程序在 end 处结束，而 return 语句可以使程序提前结束。

另外，在计算行列式的函数中，也可以用 return 语句处理如空矩阵之类的特殊情况。

【例 5-18】 return 语句的应用示例。

在 M 文件编辑器窗口中输入以下程序并运行：

```
function d = det(A)
    if isempty(A)
        d = 1;
        return
    else
        ...
    end
```

5.3　程序的调试与优化

5.3.1　程序错误种类

用户在程序的编制过程中不可避免地会遇到各种各样的错误，尤其是对初学者来说更是如此。一般来说，在 MATLAB 编程过程中可能遇到的错误有两种类型，即语法错误和运行错误。

语法错误通常发生在程序的输入过程中，如函数名拼写错误、括号不匹配、矩阵运算阶数不符等错误。由于存在语法错误，使程序不能全部运行，MATLAB 会在"命令行"窗口显示出错信息，并返回所遇到的错误类型以及该错误所在的程序行数。用户根据这些信息就可以方便地查找错误的位置和类型，比较容易地对程序进行修改。

下面给出几个常见的语法错误情况。

【例 5-19】 语法错误的示例。

在 MATLAB 的"命令行"窗口中输入以下命令：

```
>> a = [1 2 3;4 5 6];
>> b = [6 7 8;9 1 0];
>> d = a * c
??? Undefined function or variable 'c'.
```

继续

```
>> a * b
??? Error using ==> *
Inner matrix dimensions must agree.
```

运行错误通常指发生在程序运行过程，出现溢出或者死循环等异常现象。例如，在某算法上修改了某个变量或完成一个不正确的计算，导致意想不到的错误结果产生，出现运行错误。

此外，可能还有一些错误是由于解题思路不明确或对问题的理解不够准确而引起的，通常在程序运行过程中不会有错误信息输出，只能根据运算的结果来分析或判断出错的原因，这是一个比较复杂的过程。

5.3.2 程序的调试

通常对于简单的程序，可以采用直接调试的方法，而对于一些比较复杂的程序，则需要借助 M 文件编辑器/调试器(Debugger)。

1. 直接调试法

直接调试法主要针对程序比较简单的情况，直接进行调试和修改，它包括以下内容。

(1) 如果在 MATLAB 的提示错误信息中指明了出错的行数，可先根据错误信息检查该行语句是否存在语法错误或运算中变量尺寸不一致等问题。

(2) 检查所调用的函数或命令的拼写是否正确，括号(方括号和圆括号)是否配对，各种流程控制语句是否匹配(如 for 与 end，while 与 end，switch 与 end 等)。

(3) 将输出关键值的命令行后的分号删除或改为逗号，使得运算结果能够及时显示在"命令行"窗口上，用户可以据此来判断问题所在。

(4) 在程序中添加一些语句，使运行的程序中一些重要的信息可以显示在屏幕上。例如，用 echo on 命令可以显示程序的执行过程，或者用 echo filename on 命令显示文件名为 filename 的函数文件的执行过程。

(5) 在程序的适当位置使用 keyboard 命令，当程序运行中遇到 keyboard 命令时会处于调试状态，此时的"命令行"窗口的提示符变为 K>>，用户可以进行相应的操作，待调试完成后输入 return 命令，系统退出调试状态，程序将继续运行。

(6) 在被怀疑可能有问题的函数文件的函数定义行前加"%"，使之变为可以观察中间变量的命令文件。这样在出现错误时就可以在"命令行"窗口中加以观察和修改。

2. M 文件编辑器/调试器及其应用

若程序中所包含的函数文件规模比较大，文件嵌套复杂，或者调用了较多的函数，可以借助 MATLAB 提供的专门调试工具——M 文件编辑器/调试器(Debugger)进行调试。

使用 M 文件编辑器/调试器进行程序调试的一般步骤如下。

(1) 单击 Run 按钮开始运行程序。

(2) 出现错误时,程序运行自动停止,根据错误信息找到相应的程序位置。

(3) 在可能出现错误信息的程序行设置断点。

(4) 保存好重新运行,程序会自动暂停在断点处,这时在编辑窗口中设置断点的地方,用户可以将光标指向被怀疑的变量名,查看变量的内容,此时相当于处于 keyboard 状态,也可以从"命令行"窗口中检查变量的大小、内容等信息。

(5) 如果希望进入被调用的函数内部进行观察,可选择 Step In 命令,直至查出错误,进行修改。

(6) 重新运行,检查是否有新的错误,直至程序正确运行为止。

设置断点是高级语言中程序调试的重要手段之一,断点是在程序中特定位置设定的中断点,当程序运行至某一断点处时会自动暂停运行,此时可通过检查相应变量的内容等方法确定程序运行是否正确。在断点处一般可以控制程序按程序行逐行向后继续运行,也可以控制程序继续运行到指定程序行。根据需要,可以在程序中设置一个或多个断点。

5.3.3　程序的优化

尽管 MATLAB 已经将大多数的运算和操作都集成到功能强大的函数中,但是在程序完成后,还需要进一步优化,经过优化的程序与没有经过优化的程序相比,在运行效率上有很大的区别。所以,对于大型、复杂的应用程序而言,程序优化具有重大意义。

1. 以矩阵运算代替循环运算

循环运算是 MATLAB 语言的一大弱点,在程序设计时,应当尽可能避免循环运算。由于矩阵运算是 MATLAB 的核心,因此,在 MATLAB 编程过程中应当强调对矩阵的整体运算,减少和避免对矩阵元素的操作,尽可能将循环运算转换为矩阵运算。

【例 5-20】　利用循环运算和矩阵运算求解同一问题所需时间的比较。

首先采用循环运算,编写的程序为:

```
>> t = cputime;
>> for i = 1:10000
   x(i) = 0.1 * pi * i;
   y(i) = sin(i);
   end
>> e = cputime - t
e =
   78.0620
```

所需的总时间为 78.0620s。

然后采用向量运算,编写的程序为:

```
>> t = cputime;
>> x = 1:0.1 * pi:1000 * pi;
>> y = sin(x);
```

```
>> e = cputime - t
e =
    43.9430
```

所需的总时间为 43.9430s。通过函数 cputime 分析两种运算速度,可见使用向量运算使程序得到了显著的优化。

2. 数据的预定义

虽然在 MATLAB 中没有规定变量使用时必须预先定义,但是对于未定义的变量,如果操作过程中出现越界赋值等问题,系统将不得不对变量进行扩充,这样的操作大大降低了程序运行的效率。所以对于可能出现变量维数不断扩大的问题时,应当预先估计变量可能出现的最大维数,进行预定义。

【例 5-21】 变量是否预定义的比较。

首先是不进行预定义的情况,编写的程序为:

```
>> t = cputime;
>> for i = 1:10000
x(i) = 0.1 * pi * i;
y(i) = sin(i);
end
>> e = cputime - t
e =
    45.0440
```

所需的总时间为 45.0440s。

然后是进行预定义的情况,编写的程序为:

```
>> x = zeros(10000,1);
>> y = zeros(10000,1);
>> t = cputime;
>> for i = 1:10000
x(i) = 0.1 * pi * i;
y(i) = sin(i);
end
>> e = cputime - t
e =
    25.9280
```

所需的总时间为 25.9280s。

通过函数 cputime 分析是否采用预定义变量的运算速度,可知采用预定义变量可以使程序得到显著的优化。

3. 内存的管理

对内存的合理操作及管理能提高程序运行的效率。MATLAB 提供了一系列用于内存管理的函数,如表 5-1 所示。

表 5-1　内存管理函数

函　数　名	功　　　能
clear	从内存中清除所有变量及函数
pack	重新分配内存
quit	退出 MATLAB 环境,释放所有内存
save	把指定的变量存储至磁盘
load	从磁盘中调出指定变量

在上述命令中,pack 函数最为重要,该函数将内存中所有 MATLAB 使用的变量暂存入磁盘,然后用内存中连续的空间存储这些变量,由于要与磁盘之间进行数据交换,所以该命令的执行速度较慢,一般不在函数内部使用。但是,在进行计算的过程中,若出现 out of memory 的错误,通过该命令重新分配内存,可以在一定程度上解决问题。

此外,应当指出的是,MATLAB 本身不具备管理系统资源的能力,所以,在进行较大规模的计算时,应尽可能关闭一切不必要的应用程序,以节省资源。

小结

本章首先介绍了 MATLAB 下的 M 函数、M 文件的概念、结构组成及编程规则,要求掌握它们之间的异同点。其次介绍了 MATLAB 的程序设计流程控制与结构特点,要求重点掌握循环结构、分支结构及其应用。最后介绍了程序的调试与优化,要求了解对程序进行调试与优化的基本方法。

习题

5.1　命令文件与函数文件的主要区别是什么?

5.2　if 语句有几种表现形式?

5.3　通过编程说明 break 语句和 return 语句的用法。

5.4　在 MATLAB 编程过程中,可能遇到的错误有哪些?

5.5　使用 if…else…end 结构编写一段程序,判断学生是否通过学业?(条件要求出勤率高于 90%,平均成绩高于 60 分)

5.6　分别使用 for 循环结构和 while 循环结构求

$$\text{sun} = \sum_{i=0}^{50} x_i^2 - 2x_i$$

当 sum>1000 时停止运算。

5.7　使用循环结构求阶乘 $s = n!$。

5.8　试计算下列每个循环的循环次数和循环结束时的输出值。

(1) x = 1;
```
    while mod(x,10)> 0
     x = x + 1;
    end
```

（2）x = 2;
```
    while x < = 200
    x = x ^ 2;
    end
```

（3）x = 2;
```
    while x < 20
    x = x * 2;
    end
```

5.9 keyboard 命令的作用是什么？退出 keyboard 状态的命令是什么？

chapter 6

图形用户界面设计

随着计算机的迅速发展,图形用户界面(GUI)以其良好的交互性和直观易懂性,成为应用程序的主流,用户可以通过鼠标等输入设备方便地与应用程序进行信息交换,控制应用程序的运行。

MATLAB 作为功能强大的软件开发工具,提供了丰富的图形用户界面设计和开发功能,用户只需利用 MATLAB 提供的图形用户界面设计工具,就可以方便地设计出满足需要的图形用户界面,并在其基础上完成功能强大的应用程序的开发。

在图形用户界面开发环境里(GUI Development Environment,GUIDE)开发一个 GUI 程序主要包括两部分内容。

(1) 图形用户界面对象的布局,这部分主要确定应用程序的框架,完成窗口、图标、菜单、按钮等用户界面的布局设计。

(2) 编写代码,主要完成图形用户界面的代码编写,添加相关的运算或控制代码,实现应用程序的控制功能。

一般来说,一个 GUI 的开发分为以下几个过程。

(1) GUI 界面的设计和布局。

(2) GUI 的编程。

(3) 菜单的设计和布局。

(4) 菜单的编程。

6.1 图形用户界面的开发环境

6.1.1 图形用户界面的开发环境的启动

启动图形用户界面的开发环境有两种方法:一种是在 MATLAB 的"命令行"窗口中直接输入 guide,按 Enter 键确认,就可以进入"GUIDE 快速入门"窗口,如图 6-1 所示,单击"新建 GUI"选项即可进入 GUIDE 开发环境,如图 6-2 所示;另一种是在"命令行"窗口中输入 open guide,从打开的 guide 内置代码界面的工具栏中,单击"运行"按钮,即进入"GUIDE 快速入门"窗口,单击"新建 GUI"选项,进入 GUIDE 开发环境。这两种方法启动图形用户界面的开发环境都是空的。

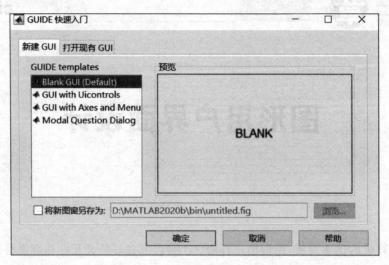

图 6-1 "GUIDE 快速入门"窗口

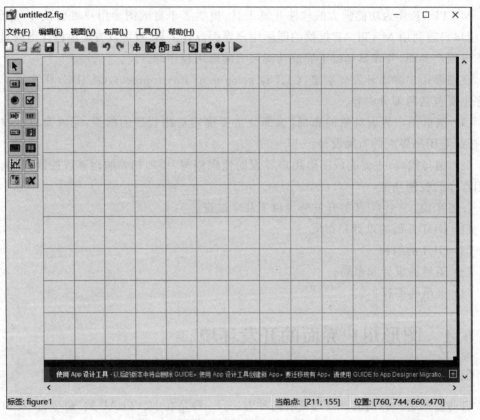

图 6-2 图形用户界面的开发环境(GUI)

如果编辑一个已经存在的图形用户界面文件,可以直接在 MATLAB 的"命令行"窗口中输入 guide filename,其中 filename 为图形用户界面文件名。

6.1.2 图形用户界面的开发环境

从图 6-2 中可以看到,图形用户界面的开发环境由标题栏、菜单栏、工具栏、控件编辑布局区、控件选择板组成。

图形用户界面开发环境中的工具栏里的按钮所代表的都是一些常用的命令,如果想运行某一个命令,只需单击相应的按钮即可。工具栏中各按钮的图标及功能如表 6-1 所示。另外,控件选择板里有实现用户图形界面所需要的各种控件,这些控件的形状如图 6-3 所示,它们的图标及功能如表 6-2 所示。

表 6-1 工具栏中各按钮的图标及功能

图 标	功 能	图 标	功 能
	新建		几何排列工具
	打开		菜单编辑器
	迁移到 App 设计工具		Tab 键顺序编辑器
	存储		工具栏编辑器
	剪切		编辑器
	复制		属性检查器
	粘贴		对象浏览器
	撤销		激活用户界面
	恢复		

表 6-2 控件选择板的图标及功能

图 标	名 称	功 能
	按钮	单击后自动弹起,常用来触发、调用一些事件
	开关按钮	只有两种状态,开和关,单击下沉,再单击弹起

续表

图 标	名 称	功 能
	单选框	其功能与开关按钮相同,只是形式不同而已
	复选框	常成组使用,作为多项选择中的一个备选项
	可编辑文本	运行时接受用户的输入,通常保存在 String 属性中
	静态文本	一般在设计界面时就已指定好了其内容属性,运行时用户不能更改
	滚动条	其状态可以为竖直的,也可以为水平的。通过改变其属性,使宽大于高就可以使滚动条变为水平的,最直接的是用鼠标拖动改变它的形状来实现
	按钮组	本身没有什么特殊作用,把一组控件圈在框里,从而使界面美观整齐
	列表框	给出若干可供用户选择的条目。通过修改其属性中的 min 和 max 值,使二者之差大于 1 就可以实现多选功能
	弹出菜单	给出多个可供用户选择的条目,但是没有多选功能
	坐标轴	一个含有坐标轴的绘图区域
	ActiveX 控件	用于 MATLAB 和其他应用程序的交互

6.1.3 控件的创建与操作

1. 控件的创建

使用图形用户界面开发环境来创建控件方法有很多种。一种方法是在如图 6-2 所示的控件选择板中的 按钮被按下去的情况下,直接用鼠标按住需要的控件,将其拖到控件编辑布局区即可;另一种方法是在控件选择板中的 按钮没有被按下去的情况下选中需要的控件,然后在控件编辑布局区内单击,即可完成该控件的创建。

2. 控件的操作

(1) 移动控件的位置。将光标指向要移动的控件,当光标由箭头变为十字箭头时,按住鼠标左键并拖动该控件到适合的位置,然后放开鼠标左键。

(2) 改变控件大小。单击需要改变大小的控件,控件的 4 个角上各出现一个小黑点,移动光标到任意一个小黑点处,这时光标变为斜 45°方向的双箭头线,按住鼠标左键并拖动,直至控件大小改变满意时松开鼠标左键。

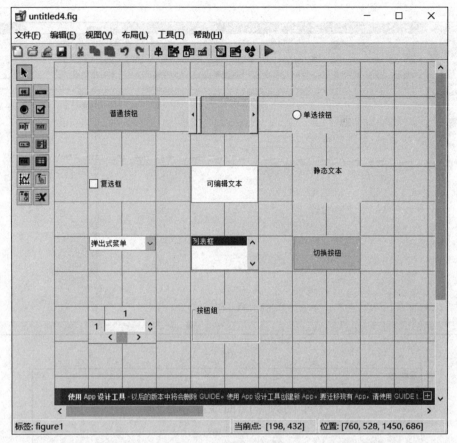

图 6-3　GUI 的各种控件

（3）选中多个控件。在控件编辑布局区内的空白处按住鼠标左键并拖动鼠标，会随着鼠标的移动拖出一个框，直至该框覆盖所需要选中的控件时再松开鼠标。所有被选中的控件的 4 个角都有小黑点。如果希望有选择性地选中控件，可以按住 Ctrl 键并依次单击希望选中的控件，直至满意即可松开 Ctrl 键。

3．激活图形用户界面与运行

如果控件都在图形用户界面中创建和布局好后，而且控件的属性也设置完成，那么就可以选择菜单栏中的"工具"选项或单击工具栏中的 ▶ 按钮，这时会出现以下情况：图形用户界面开发环境第一次存储时将同时存储 M 文件和 fig 文件，如果所设计的 GUI 没有保存，图形用户界面开发环境就会弹出一个给文件命名、保存的对话框。

如果激活已存储的 M 文件和 Fig 文件，则可以在 MATLAB 的"命令行"窗口中直接输入 openfig filename 或 hgload filename 命令将 fig 文件调入 MATLAB 工作空间，或在 MATLAB 的"命令行"窗口中输入 open filename，将 M 文件调入 MATLAB 工作空间，也可以在 MATLAB 的"命令行"窗口中直接输入 filename，直接执行由图形用户界面环境生成的 M 文件，如一个已存储的程序 m1．m 的运行过程如图 6-4(a)、(b)所示。

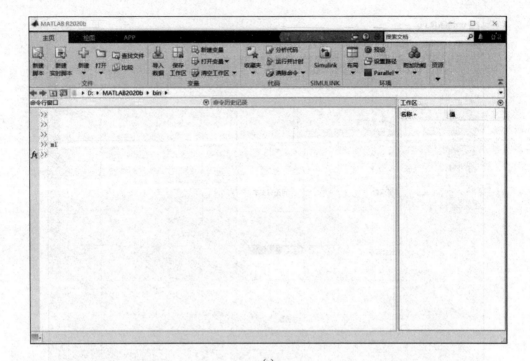

(a)

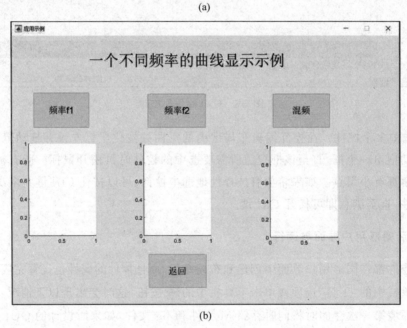

(b)

图 6-4　运行图形用户界面程序过程

6.2　几何位置排列工具

几何位置排列工具(简称排列工具)用于调节各控件对象之间的相对位置。单击工具栏中的排列工具图标 ⊞ 即可打开排列工具窗口,如图 6-5 所示。

图 6-5　几何位置排列工具

排列工具分为控件对象的垂直(Vertical)和水平(Horizontal)两个方向的几何位置排列,而且每个方向又分为位置(Align)调整和分布(Distribute)调整。表 6-3 列出了排列工具用于垂直和水平位置的图标及功能。

表 6-3　调整控件垂直和水平位置的图标及功能

分类	图标	功　　能	分类	图标	功　　能
垂直位置调整		按上边缘对齐调整控件	水平位置调整		按左边缘对齐调整控件
		按中心对齐调整控件			按中心对齐调整控件
		按下边缘对齐调整控件			按右边缘对齐调整控件
		等间距分布控件,指定控件纵向相邻边缘间的距离			等间距分布控件,指定控件横向相邻边缘间的距离
		等间距分布控件,指定控件上边缘间的距离			等间距分布控件,指定控件左侧边缘间的距离
		等间距分布控件,指定控件纵向中心间的控件			等间距分布控件,指定控横向中心间的距离
		等间距分布控件,指定控件下边缘间的距离			等间距分布控件,指定控件右侧边缘间的距离

【例 6-1】　利用排列工具菜单调节控件位置。

首先在控件布局编辑区内随机拖放 6 个控件,如图 6-6 所示。其次将这 6 个控件全都选中,如图 6-7 所示。这时单击工具栏中的"排列工具"按钮,打开"对齐对象"对话框,按要求将各按钮选项设置为图 6-8 所示。最后单击"确定"按钮,得到图 6-9 所示的控件布局编辑区所示的各控件的位置。

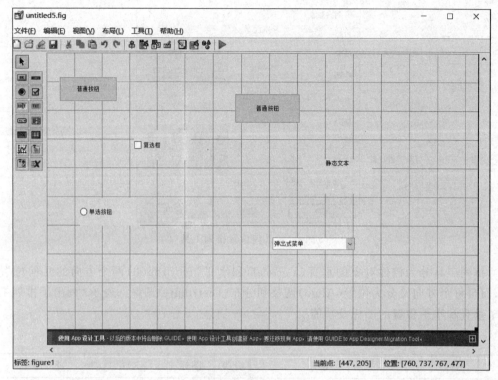

图 6-6　随机放置的控件

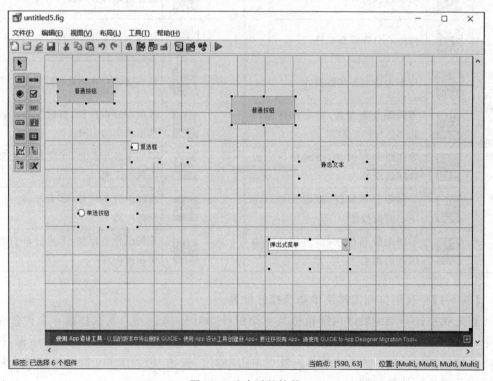

图 6-7　选中后的控件

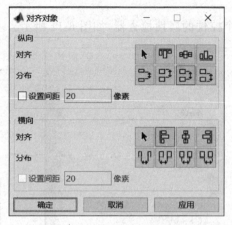

图 6-8 "对齐对象"对话框

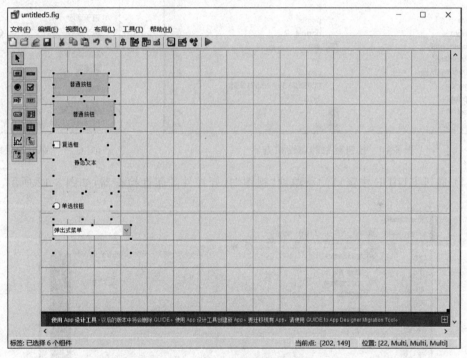

图 6-9 按要求设置的各控件位置

6.3 属性编辑器

MATLAB 的属性编辑器提供一个所有设置属性的列表并显示当前的属性值,使用户能够设置界面中各组件的属性,打开属性编辑器的方法有以下几种。

(1) 选中一个控件,然后单击"属性检查器"按钮 ,就可以打开这个控件的属性列表,如图 6-10 所示。

(2) 不选中控件,直接单击"属性检查器"按钮 ,则可以打开整个图形用户界面的属性列表。

（3）通过右击打开一个控件的属性检查器，如图 6-11 所示。

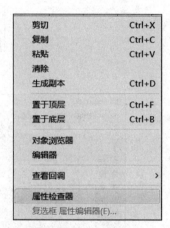

图 6-10　按钮对象的属性检查器

图 6-11　弹出的菜单

（4）通过 GUIDE 主窗口的菜单项"视图"打开控件的属性检查器，如图 6-12 所示。

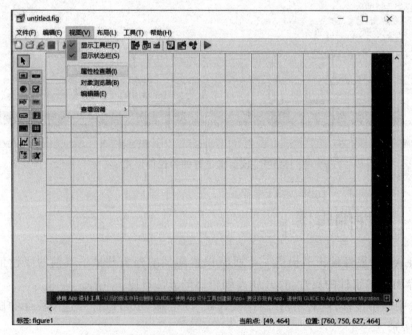

图 6-12　由菜单项"视图"打开控件的属性检查器

　　由于不同的控件对应的属性检查器有所不同,所以,这里仅介绍在 GUI 设计时经常用到的几个控件的属性值。

　　(1) Callback:定义对象的控制功能,为单击控件时回调的例程。其值为一个有效的MATLAB 表达式或者一个可执行的 M 文件名。

　　(2) ButtonDownFcn:当鼠标在该控件上按下去时调用的例程,其值为一个有效的MATLAB 表达式或者一个可执行的 M 文件名。

　　(3) Position:有 4 个分量 x、y、width、hight,分别用于确定控件的位置和大小。

　　(4) String:其值为一个字符串,为显示在控件上的标题或选项内容。

　　(5) Tag:其值为一个字符串,标识控件的名称,编程时可以用它来指定控件。

　　(6) Tooltipstring:其值为一个字符串,当鼠标移动到该控件上时将显示这个字符串。

　　(7) UIContextMenu:其值为一个"上下文菜单"的句柄,在该控件上右击将弹出这个句柄的快捷菜单。

　　(8) Visible:其值为 On 和 Off,分别设置控件对象在图形用户界面窗口中是否为可见状态。

　　(9) FontSize:取值为数值,定义控件对象标题等字体的字号。

通过对 GUI 中各个用户控件对象的属性设置,可以实现用户所需的控件外观和行为特征。

6.4　菜单编辑器

　　打开 GUIDE 的主窗口,在工具栏中单击"菜单编辑器"按钮 ,就可以打开菜单编辑器的窗口。菜单编辑器的功能就是实现菜单的设计和编辑,它的窗口如图 6-13 所示。

图 6-13　"菜单编辑器"窗口

在菜单编辑器中有 8 个快捷键,其功能如表 6-4 所示。

表 6-4 菜单编辑器的快捷键

图标	功 能	图标	功 能
	创建一个新的下拉菜单	←	往左移动菜单项
	创建一个新的子菜单项	→	往右移动菜单项
	创建一个新的鼠标右键菜单	↑	往上移动菜单项
✕	删除菜单项	↓	往下移动菜单项

在菜单编辑器右侧是菜单项的属性的设置,包括显示在菜单中的标签(文本)、程序之间调用时用到的菜单项标签(标记)、在菜单项之间是否显示分割线(在此菜单项上方放置分隔线)、是否在菜单项前加选中标记(启用此项)、菜单项的回调函数(MenuSelectedFcn)。

在菜单编辑器的下方有两个可选择的页面,一个是用于设计和编辑主菜单的下拉式菜单页面(菜单栏);另一个是用于设计和编辑鼠标右键菜单的弹出式菜单页面(上下文菜单)。用右键菜单可以设计和编辑成为主程序窗口和控件上的弹出菜单,也可以设计多个右键菜单,每个控件可以通过属性编辑器中的上下文菜单选择一个右键菜单,上下文菜单的默认选项为无(None)。

【例 6-2】 设计一个含菜单的图形用户界面。

打开 GUIDE 主窗口,在控件布局编辑区放置 3 个 Push Button 控件、1 个 Axes 控件、1 个 Static Text 控件,它们的属性设置如表 6-5 所示。另外,在 GUIDE 主窗口中单击"属性检查器"按钮打开整个 GUI 的属性列表,把 Name 属性栏设置为"示例",Resize 属性栏设置为 on。

表 6-5 各控件的属性设置

控 件 名 称	属 性	属 性 值
Button1	String	正弦
	Tag	sin
	Fontsize	10.0
Button2	String	余弦
	Tag	cos
	Fontsize	10.0
Button3	String	返回
	Tag	close
	Fontsize	10.0
Static Text	String	三角曲线演示
	Tag	默认值
	Fontsize	20.0
Axes	默认值	默认值

回到 GUIDE 主窗口,单击工具栏中的"菜单编辑器"按钮,打开"菜单编辑器"窗口进入菜单栏编辑区(见图 6-14)。连续两次单击"创建一个新的下拉菜单"按钮,接着选中第 1 个命令,再连续两次单击"创建一个新的子菜单项"按钮,然后对这些命令进行属性设置,如图 6-14 所示。如第 2 个命令的属性设置为正弦、标记为 sin、"在此菜单项上方放置分隔线"为选中状态、"菜单项回调函数"保留系统默认 zhy('sin_Callback',gcbo,[],guidata (gcbo))。另外,几个命令的设置方法与之相似。这里值得注意的是,设置完成后要保存;否则菜单的回调函数属性值仍为< auto >。

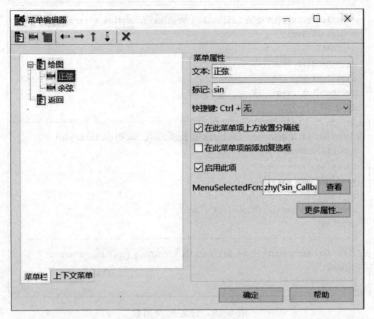

图 6-14　下拉菜单设置

接下来设置菜单栏命令。该命令的设置如图 6-15 所示。最上一层命令的标记属性设为 run,回调函数设为空。子命令中的第 2 个命令的属性设置为:"文本"设为余弦、"标记"设为 cos、"在此菜单项上方放置分隔线"设为选中状态、回调函数设为 zhy('cos_Callback',gcbo,[ ],guidata(gcbo))。另外几个子命令的设置方法与之相似。

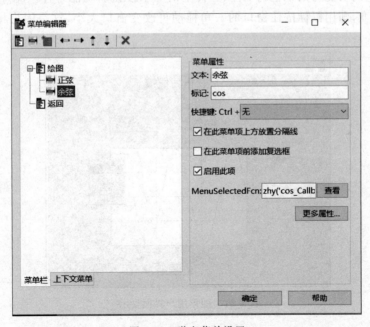

图 6-15　弹出菜单设置

至此,保存已设计好的 GUI 图形界面,给文件命名为 zhy。这时 M-file 文件窗口打开,分别在 M-file 文件中编辑回调函数,如图 6-16 所示,保存修改后的 M-file 文件。

```
%----------------------------------------------
function varargout=sin_Callback(h, eventdata, handles, varargin)
    t=0:pi/10:4*pi;
    y=sin(t);
    axes(handles.axes1)
    piot(t, y)
    set(handles.axes1,'YMinorTick','on')
    grid on
%----------------------------------------------
function varargout=cos_Callback(h, eventdata, handles, varargin)
    t=0:pi/10:4*pi;
    y=cos(t);
    axes(handles.axes1)
    piot(t, y)
    set(handles.axes1,'YMinorTick','on')
    grid on
%----------------------------------------------
function varargout=close_Callback(h, eventdata, handles, varargin)
    close
```

图 6-16 设置回调函数

在回到 GUIDE 主窗口,选中 Axes 控件并打开其属性列表,把上下文菜单属性值设为 Run,保存图形界面。现在,可以运行按要求设计好的 GUI 了。

在 GUIDE 主窗口,单击工具栏中的"激活用户界面"按钮 ▶,运行程序。可以看到打开的图形用户界面如图 6-17 所示,该界面有一个菜单栏,在界面内的空白处右击可以打开一个弹出菜单,它的功能与菜单栏的功能、界面上的 3 个按钮的功能一样。此外,该图形用户界面的大小可变,即用鼠标按住窗口的一角拖动可改变窗口大小,这是因为将 Resize 属性栏设置为 on。

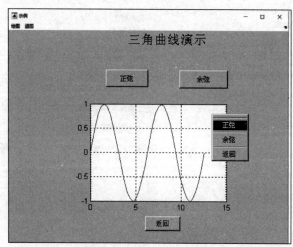

图 6-17 图形用户界面显示

6.5 对象浏览器

在 GUIDE 主窗口的工具栏中还有一个比较重要的工具按钮 ![img]，它就是对象浏览器，单击该按钮可以打开对象浏览器。对象浏览器采用树状结构列出对象浏览器当前图形用户程序中所使用的全部对象信息，如图 6-18 所示。它以图标的形式表示控件的类型，并显示控件的名称或标识，双击选中的控件就可以打开这个对象的属性。

图 6-18 中显示的对象比较少，结构也很简单，但用户编写复杂的图形用户界面程序时，对象浏览器的作用就发挥出来了，它可以帮助用户一目了然地分清各个对象之间的关系。所以，当对象非常多时，使用对象浏览器来修改对象属性就非常方便。

图 6-18 对象浏览器

6.6 对话框设计

在图形用户界面程序设计中，还经常需要另一种人机交互方式——对话框，通过对话框可以显示重要信息、获取用户输入的数据等，使用户更方便地操作应用程序。

MATLAB 提供了许多种对话框，如输入对话框、帮助对话框、提问对话框、消息提示对话框、列表选择对话框、警示信息对话框、错误信息对话框等。这里仅介绍一些常用的对话框。

1. 输入对话框

输入对话框主要实现用户输入信息的功能，MATLAB 提供的函数为 inputdlg()，其调用格式如下。

格式 1：

answer = inputdlg(string)

格式 2：

answer = inputdlg(string,title,lineno)

格式 3：

answer = inputdlg(string,title,lineno,default)

格式 4：

answer = inputdlg(string,title,lineno,default,resize)

其中，string 为定义输入数据窗口的个数和显示提示信息；title 为输入对话框的标题；lineno 为每个输入窗口的行数，它有标量和矩阵之分；default 为输入数据的默认值；resize

决定输入对话框的大小能否被调整,其值为 on 或 off。

【例 6-3】 创建两个输入窗口的输入对话框。要求第 1 个窗口为 3 行,第 2 个窗口为 1 行,如图 6-19 所示。

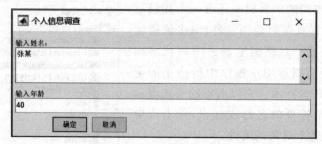

图 6-19 例 6-3 的输入对话框

在 MATLAB 的"命令行"窗口中输入以下命令:

```
>> string = {'输入姓名: ','输入年龄'};
>> title = '个人信息调查';
>> lineno = [3,1]';
>> default = {'张某','40'};
>> answer = inputdlg(string,title,lineno,default)
```

【例 6-4】 设计 4 个输入窗口的输入对话框。要求第 1 个窗口为 2 行,第 2 个窗口为 1 行,第 3 个窗口为 2 行,第 4 个窗口为 3 行,如图 6-20 所示。

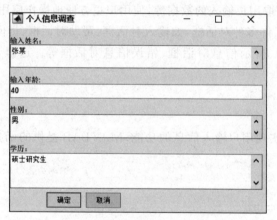

图 6-20 例 6-4 的输入对话框

在 MATLAB 的"命令行"窗口中输入以下命令:

```
>> string = {'输入姓名: ','输入年龄: ','性别: ','学历: '};
>> lineno = [2,1,2,3]';
>> default = {'张某','40','男','硕士研究生'};
>> answer = inputdlg(string,title,lineno,default)
```

2. 帮助对话框

帮助对话框用于提示帮助信息,MATLAB 提供的函数为 helpdlg( ),其调用格式如下。

格式 1：

```
helpdlg
```

格式 2：

```
helpdlg(string)
```

格式 3：

```
helpdlg(string,title)
```

其中，string 为帮助对话框要显示的帮助信息；title 为帮助对话框的标题。

【例 6-5】　设计一个如图 6-21 所示的帮助对话框。

在 MATLAB 的"命令行"窗口中输入以下命令：

```
>> answer = helpdlg('矩阵的特殊操作','在线帮助')
```

按 Enter 键确认，运行结果为：

```
answer =
    3.0046
```

图 6-21　帮助对话框

3. 提问对话框

MATLAB 提供了用于提问对话框的函数 questdlg()，实现回答问题的各种选择，其调用格式如下。

格式 1：

```
answer = questdlg(question)
```

格式 2：

```
answer = questdlg(question,title)
```

格式 3：

```
answer = questdlg(question,title,default)
```

格式 4：

```
answer = questdlg(question,title,button1 – str1,button2 – str2, button3-str3,…,default)
```

其中，question 为提问对话框中所要提示的信息；title 为提问对话框的标题。前 3 种格式的对话框中有 3 个按钮，分别为是、否、取消；第 4 种格式中的 button1-str1、button2-str2、button3-str3、……分别是对话框中 3 个按钮的题标；default 为 3 个按钮中的一个；answer 为返回的对话框句柄。

【例 6-6】　设计一个如图 6-22 所示的提问对话框。

在 MATLAB 的"命令行"窗口中输入以下命令：

```
>> answer = questdlg('你学过 MATLAB 吗?','例题')
```

按 Enter 键确认,运行结果为:

```
answer =
Yes
```

【例 6-7】 设计一个如图 6-23 所示的提问对话框。

图 6-22　例 6-6 的提问对话框　　　　图 6-23　例 6-7 的提问对话框

在 MATLAB 的"命令行"窗口中输入以下命令:

```
>> answer = questdlg('请选择你的学历?','例题','博士','硕士','学士')
```

按 Enter 键确认,运行结果为:

```
answer =
博士
```

4. 信息提示对话框

信息提示对话框用于显示提示信息,MATLAB 提供的函数为 msgbox(),其调用格式如下。

格式 1:

```
msgbox(message)
```

格式 2:

```
msgbox(message,title)
```

格式 3:

```
msgbox(message,title,'icon')
```

其中,message 为需要显示的提示信息;title 为信息提示对话框的标题;icon 为需要显示的图标,它的选择包括 none(无图标,默认值)、error(🔴)、help(ℹ️)、warn(⚠️)或 custom(用户自定义)。

【例 6-8】 设计一个如图 6-24 所示的信息提示对话框。
在 MATLAB 的"命令行"窗口中输入以下命令:

```
>> msgbox('我的学历是硕士','例题')
```

【例 6-9】 设计一个如图 6-25 所示的信息提示对话框,要求带有显示图标。
在 MATLAB 的"命令行"窗口中输入以下命令:

```
>> msgbox('我的学历是硕士','例题','help')
```

图 6-24　例 6-8 的信息提示对话框

图 6-25　例 6-9 的信息提示对话框

5. 列表选择对话框

列表选择对话框用于在众多选项中选择需要的值，MATLAB 提供的函数为 listdlg()，其调用格式为：

```
[selection,ok] = listdlg(promptstring,str1,selectionmode,str2,…)
```

其中，输出参数 selection 为被选中的列表项的序列号；ok 返回值为是否确认单击 Ok 按钮的逻辑值，1 为单击了 Ok 按钮，0 为单击了 Cancel 按钮。输入参数的意义如表 6-6 所示。

表 6-6　列表选择对话框的可选择输入参数

参　　数	功　　能
liststring	设置列表对话框中的列表项，为字符串或字符串组
selectionmode	通过字符串 'single' 或 'multiple' 选择是单选还多选（默认值）
listsize	设置对话框的尺寸，由数组[width height]确定，默认值为[160 300]
initialvalue	设置列表对话框中的初始选项，默认值为 1
name	设置列表对话框的标题，默认值为空字符串
promtstring	设置列表对话框的提示说明字符，默认值为空字符串
okstring	Ok 按钮的文本，默认值为 'ok'
cancelstring	Cancel 按钮的文本，默认值为 'cancel'

下面通过具体示例来说明列表选择对话框函数 listdlg() 的应用。

【例 6-10】　创建一个列表对话框。

在"命令行"窗口中输入以下程序：

```
>> str1 = '选择文件名: ';
>> str2 = 'single';
>> str3 = [90 130];
>> str4 = '列表对话框';
>> str5 = {'1.m';'2.m';'3.m';'4.m';'5.m';'6.m';'7.m';'abc.mdl';'8.m';'9.m'};
>>[selection,ok] = listdlg('promptstring',str1,'selectionmode',str2,'listsize',str3,'name',
str4,'liststring',str5)
```

运行结果为：

```
selection =
    1                              % 选择了第 1 个选项
ok =
    1                              % 单击 Ok 按钮进行了确认
```

由上述程序代码运行得到的对话框如图 6-26 所示,若将该例题的 str2＝'single'修改为 str2＝'multiple',则得到如图 6-27 所示的多模式列表对话框。

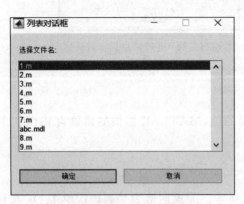

图 6-26　列表对话框(单模式)

图 6-27　列表对话框(多模式)

6. 警示信息对话框

警示信息对话框用于向用户提示警告信息,MATLAB 提供的函数为 warndlg(),其调用格式为:

```
answer = warndlg(question,title)
```

其中,question 为警告提示对话框中所要显示的警告信息;title 为警告提示对话框的标题; answer 为返回的对话框句柄。

【例 6-11】 设计一个如图 6-28 所示的对话框。

图 6-28　警示信息对话框

在 MATLAB 的"命令行"窗口中输入以下命令:

```
>> answer = warndlg('电源能量不足!', '例题')
```

按 Enter 键确认,运行结果为:

```
answer =
    3.0034
```

7. 错误信息对话框

错误信息对话框用于提示错误信息,MATLAB 提供的函数为 errordlg(),其调用格式如下。

格式 1:

```
errordlg
```

格式 2:

```
errordlg(string)
```

格式3:

```
errordlg(string,title)
```

其中,string 为需要显示的提示错误的信息;title 为错误信息对话框的标题。

【例 6-12】 设计一个如图 6-29 所示的对话框。

在 MATLAB 的"命令行"窗口中输入以下命令:

```
>> errordlg('输入数据错误,请重新输入!','错误信息')
```

图 6-29 例 6-12 的对话框

6.7 图形用户界面设计示例

本节通过一个简单示例来说明如何使用图形用户界面开发环境进行应用程序的设计。应用程序的设计包括两方面的内容:一是图形用户界面的设计,应考虑整个图形用户界面的布局以及菜单、控件的使用和布置、事件的响应等;二是功能的设计,通过一定的设计思路和计算,实现应用程序的功能设计。

本节将设计一个显示不同频率的信号曲线的应用程序。要求分别显示频率 1、频率 2 及其混合在一起的信号曲线。

1. 图形用户界面的设计

图形用户界面的设计包括以下几个方面。

(1) 在控件编辑布局区中布置控件。本例中使用了 3 个坐标轴、4 个按钮和 1 个静态文本框。

(2) 如果有必要,可以使用几何位置排列工具对这些控件的位置进行调整。

(3) 设置控件属性。选中某一控件并右击,从弹出的快捷菜单中选择属性列表命令,进行控件的属性设置。本例中,将静态文本框的标题改为"一个不同频率的曲线显示示例",其中 3 个按钮的标题分别改为"频率 f1""频率 f2""混频",第 4 个按钮的标题改为"返回"。这里需要说明的是,为了编辑、记忆、维护,一般需要对控件设置一个新的标识,控件的标记(Tag)用于对各种控件的识记,每个控件在创建时都由开发环境自动产生一个标记,对于大型程序的开发,建议设置所有控件的标记,以利于程序的维护。

(4) 其他图形属性设置。如需要可将主窗口的标题改为"应用示例"。

(5) 设置好各个控件的属性列表后保存,给文件命名如 m1,同时打开 M-file 文件,此时便完成了图形用户界面的设计,如图 6-30 所示。

2. 编写代码的设计

为了实现程序的功能,需要编写一些代码,完成变量的赋值、输入/输出、计算及绘图等功能。为按钮 pushbutton1_Callback 和第 1 个坐标轴 axes1 编写的代码如下:

```
function varargout = pushbutton1_Callback(h, eventdata, handles, varargin)
x = 0:pi/4:6 * pi;
y = sin(x * 10)
```

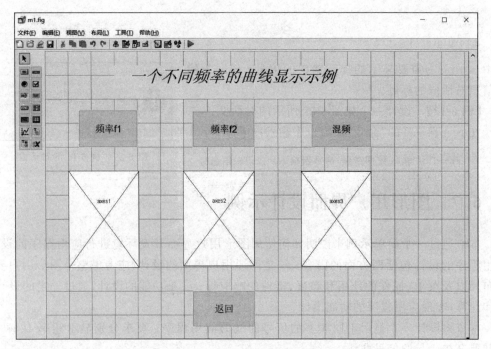

图 6-30   图形用户界面的设计

```
axes(handles.axes1)
plot(x,y)
set (handles.axes1,'XMinorTick','on')
grid on
```

为按钮 pushbutton2_Callback 和第 2 个坐标轴 axes2 编写的代码如下：

```
function varargout = pushbutton2_Callback(h, eventdata, handles, varargin)
x = 0:pi/4:6 * pi;
y = cos(4 * x)
axes(handles.axes2)
plot(x,y)
set (handles.axes2,'XMinorTick','on')
grid on
```

为按钮 pushbutton3_Callback 和第 3 个坐标轴 axes3 编写的代码如下：

```
function varargout = pushbutton3_Callback(h, eventdata, handles, varargin)
x = 0:pi/4:6 * pi;
y = sin(x * 10) + cos(4 * x)
axes(handles.axes3)
plot(x,y)
set (handles.axes3,'XMinorTick','on')
grid on
```

为按钮 pushbutton4_Callback 编写的代码如下：

```
function varargout = pushbutton4_Callback(h, eventdata, handles, varargin)
close
```

具体编写的代码如图 6-31 所示。

```
function varargout=pushbutton1_Callback(h, eventdata, handles, varargin)
x=0:pi/4:6*pi;
y=sin(x*10)
axes(hanles.axes1)
plot(x, y)
set(handles.axes1,'XMinorTick','on')
grid on
%-----------------------------------------------------------------
function varargout=pushbutton2_Callback(h, eventdata, handles, varargin)
x=0:pi/4:6*pi;
y=cos(4*x)
axes(hanles.axes2)
plot(x, y)
set(handles.axes1,'XMinorTick','on')
grid on
%-----------------------------------------------------------------
function varargout=pushbutton3_Callback(h, evevtdata, handles, varargin)
x=0:pi/4:6*pi;
y=sin(x*10)+cos(4*x)
axes(hanles.axes3)
plot(x, y)
set(handles.axes1,'XMinorTick','on')
grid on
%-----------------------------------------------------------------
function varargout=pushbutton4_Callback(h, evevtdata, handles, varargin)
close
```

图 6-31　设置的调用函数代码

3. 应用程序的运行

单击开发环境工具栏中的"激活运行"按钮,就可以运行程序了。打开的 GUI 界面如图 6-32 所示,单击"频率 f1""频率 f2""混频"按钮,可以看到各自的曲线。

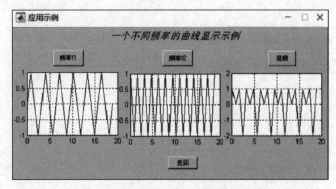

图 6-32　设计好的 GUI 的运行结果

小结

本章通过示例详细地介绍了图形用户界面(GUI)的概念和创建方法,要求重点掌握如何使用 GUIDE 的编程工具来实现用户要求的 GUI。另外,还介绍了创建各种对话框的方法,要求会结合示例加以应用。

习题

6.1　GUI 开发环境中提供了哪些方便的工具? 各有什么用途?

6.2　图形用户界面的开发环境的启动方法有哪些?

6.3　简述 GUI 控件的种类,它们各有什么功能?

6.4　自行设计一个简单的图形用户界面程序。要求图形界面上有多个按钮控件设计、坐标轴控件设计、菜单与弹出菜单的设计,其中菜单包括两个子菜单。

6.5　创建 3 个输入窗口的输入对话框,如图 6-33 所示。

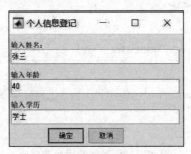

图 6-33　习题 6.5 的输入对话框

chapter 7

Simulink动态仿真集成环境

7.1 Simulink 概述

1990 年，MathWorks 软件公司为 MATLAB 提供了新的控制系统模型图形输入与仿真工具，该工具后来被命名为 Simulink，顾名思义，它有两个功能：Simu（仿真）和 Link（连接），即利用鼠标在模型窗口上绘制出所需要的控制系统模型，然后利用 Simulink 提供的功能或功能块对控制系统进行建模、仿真和分析。它具有直观、方便和灵活的优点，使一个复杂控制系统的输入变得轻而易举。Simulink 的文件类型一般为 .mdl。

通常在 MATLAB 环境下的"命令行"窗口中输入 Simulink，然后按 Enter 键，或者在 MATLAB 主界面中单击"主页"→Simulink→Simulink 按钮  图标，就会打开一个名为 Simulink Start Page 的窗口，如图 7-1 所示。在 Simulink Start Page 窗口中单击 Simulink→

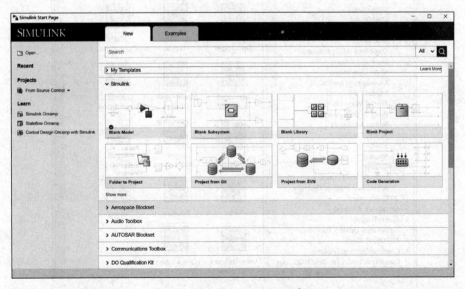

图 7-1 Simulink Start Page 窗口

Blank Model 图标,进入如图 7-2 所示的 Simulink 仿真环境,在 Simulink 仿真环境中单击 SIMULATION→LIBRARY→Library Browser 按钮 图标,进入如图 7-3 所示的 Simulink

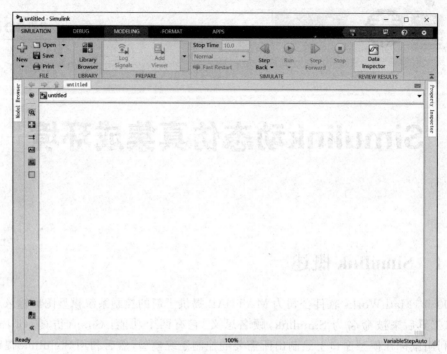

图 7-2　Simulink 仿真环境

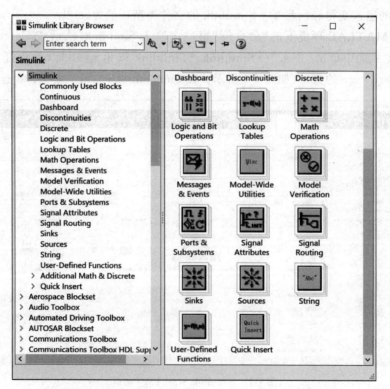

图 7-3　Simulink Library Browser 功能模块函数库浏览器

Library Browser 的功能模块函数库浏览器窗口,它的左边是一个树状目录,列出了当前 MATLAB 系统中已安装的所有 Simulink 的功能模块;右边就是进行仿真设计时常用的、最基本的功能模块函数库,它们的模块函数库及其功能如表 7-1 所示。双击它们中的任何一个图标就可以打开相应的子模块函数库。进行仿真时必须使用的 Sources 和 Sinks 模块函数库及其功能如表 7-2 和表 7-3 所示。

表 7-1　Simulink 功能函数库及其功能

图　　标	模 块 名 称	功 能 说 明
	Continuous	为仿真提供线性系统元件
	Discrete	为仿真提供离散系统元件
	Functions & Tables	为仿真提供特定的功能函数
	Math	为仿真提供数学运算功能元件
	Nonlinear	为仿真提供非线性元件
	Signals & Systems	为仿真提供输入、输出和控制的相关信号及相关处理
	Sinks	为仿真提供输出设备元件
	Sources	为仿真提供各种信号源
	Subsystems	为仿真提供各种类型的子系统

表 7-2　Sources 模块函数库及其功能

图　　标	模 块 名 称	功 能 说 明
	Band-Limited White Noise	产生有限带宽的白噪声
	Chirp Signal	产生频率与时间成正比的信号
	Clock	提供系统时间
1	Constant	产生固定的常数量
12:34	Digital Clock	在固定的间隔中产生模拟的时钟

续表

图　标	模 块 名 称	功 能 说 明
simin	From Workspace	从 MATLAB 的工作区中输入数据
untitled.mat	From File	从文件输入数据
	Ground	使输入接口接地
1	In1	给一个子系统产生一个输入接口
	Pulse Generator	产生脉冲信号
	Ramp	产生斜坡信号
	Random Number	产生随机数
	Repeating Sequence	产生锯齿波信号
	Signal Generator	信号发生器
	Sine Wave	产生正弦波信号
	Step	产生阶跃信号
	Uniform Random Number	产生正态分布的随机数
	Counter Free-Running	自由运行的计数器
	Counter Limited	计数器
	Repeating Sequence Interpolated	输出离散时间序列,再重复
	Repeating Sequence Stair	输出离散时间序列,再重复
Group 1 Signal 1	Signal Builder	信号发生器
Scenario Signal 1	Signal Editor	信号编辑器
	Waveform Generator	波形发生器

表 7-3　Sinks 模块函数库及其功能

图　　标	模块名称	功能说明
▭▭▯	Display	显示输入的数值
▭	Floating Scope	浮动的示波器输出
⟨1⟩	Out1	给一个子系统产生一个输出接口
▭	Scope	示波器输出
STOP	Stop Simulation	停止仿真
⊒	Terminator	终止一个悬空的输出接口
untitled.mat	To File	写入文件
simout	To Workspace	写入 MATLAB 的工作区
◯	XY Graph	显示二维图形
OutBus.signal1	Out Bus Element	从多个连接到相同输出端口的元素创建一个总线,或者向输出端口分配一个信号或消息

　　Simulink 是为控制系统仿真而开发的,后来在实际应用过程中发现它有许多优点,能解决许多 MATLAB 代码编程不好解决的问题,于是许多领域都针对本领域的特点开发了各自的功能模块作为子工具箱加到 Simulink 中来。这些工具箱有控制系统工具箱(Control System Toolbox)、数字信号处理工具箱(DSP Blockset)、定点处理工具箱(Fix-Point Blockset)、模糊逻辑工具箱(Fuzzy Logic Toolbox)、非线性控制工具箱(NCD Blockset)、电力系统工具箱(Powersys Blockset)、状态流工具箱(StateFlow)、神经网络工具箱(Neural Network Blockset)和其他(Simulink Extras)等。用这些工具箱可以很容易地解决它们的仿真问题。

7.2　Simulink 仿真结构图的创建与优化

7.2.1　创建或打开仿真结构图

　　创建 Simulink 仿真结构图的常用方法有以下两种。

　　(1) 直接从 MATLAB 的"命令行"窗口中输入 Simulink,或单击 MATLAB 主页中 SIMULINK 选项卡的 Simulink 按钮 ⬚ ,进入 Simulink Start Page 窗口,然后在 Simulink Start Page 窗口中单击 Blank Model 图标,创建一个以 Untitled 为标题的空白模型编辑窗口;或在 Simulink Library Browser 的功能模块函数库浏览器窗口中,单击工具栏中 ⬚ ▾ 图标,同样会创建一个以 untitled 为标题的空白的模型编辑窗口,如图 7-2 所示。所有的功能模块都可以在这个模型窗口中创建一个系统的仿真结构图。

（2）如果仿真结构图文件(＊.mdl)已经存在,则在 MATLAB"命令行"窗口下直接输入该仿真结构图文件的名称(不包含扩展名),可以打开该仿真结构图文件,对它进行编辑、修改和仿真,也可以在 Simulink 模块库浏览器窗口中单击 open 命令按钮 打开它。

7.2.2　功能模块的处理

在设计一个仿真结构图的过程中,常常需要多次移动功能模块,并对模块进行复制、删除、翻转、改变大小、模块命名和颜色设置等一系列操作,下面就介绍它们的操作步骤。

1. 功能模块的创建

在 Simulink Library Browser 窗口中单击所需要的功能模块,然后按住鼠标左键并拖到以 untitled 为标题的模型编辑窗口中即可。每个功能模块的下方都有一个名称,双击名称处,使之处于文本输入状态,即可改变功能模块的名称,如图 7-4 所示。双击该功能模块,会弹出参数设置对话框,在对话框中可以修改相应的参数。图 7-5 表示传递函数功能模块的参数选择项,其中 Parameters 参数选择框中的 Denominator Coefficients 文本框表示传递函数的分母多项式系数向量；Numerator Coefficients 文本框表示传递函数的分子多项式系数向量。根据具体传递函数的表达式来选择或修改这些系数,修改完成后单击 OK 按钮或单击 Apply 按钮即完成选择。

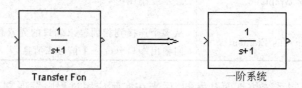

图 7-4　功能模块名称的改变

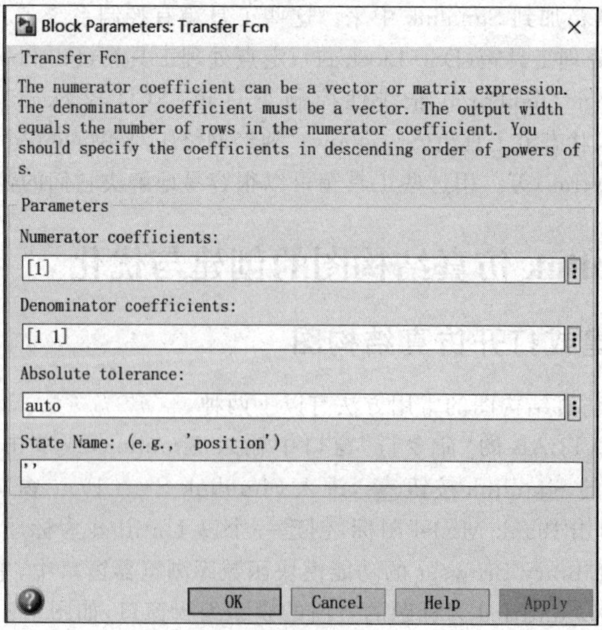

图 7-5　传递函数功能模块参数选择

2. 功能模块的选定

单击待选的功能模块,则在该模块的 4 个角会出现黑色标记,表明该功能模块被选定;如果要选定一组模块,首先按住鼠标左键拉出一个矩形虚线框,将所有待选模块包围在其中,然后松开,则矩形框里的所有模块同时被选中。这样就可以很方便地对被选定的模块或一组模块进行一系列基本操作了,如图 7-6 所示。

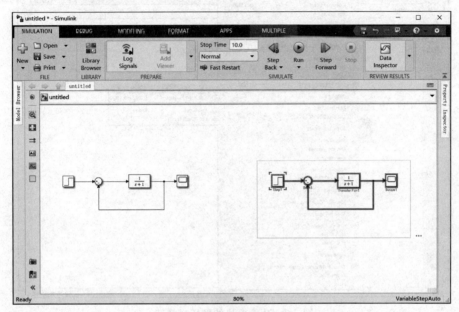

图 7-6　功能模块的选定

3. 功能模块的移动

将光标置于待移动的功能模块上,然后按住鼠标左键,即选定该模块,这时可将该功能模块拖至合适的位置。模块在移动时,它与其他模块的连线也随之移动。

4. 功能模块的删除

在选定了一个功能模块或模块组后,按 Delete 键,即可将选定的功能模块或模块组删除。

5. 功能模块的复制

首先选定要复制的功能模块,右击弹出快捷菜单,从中选择 Copy 菜单命令,再将光标移到要粘贴的地方,运行 Paste 菜单命令,就会在选定的位置上复制出相应的模块。Simulink 本身带有一种更简便的复制操作:用鼠标右键把待复制的模块拖到所选定的位置后松开,即完成复制工作。

6. 功能模块的翻转或旋转

在模型窗口的 Format 菜单中有两个命令,即 Flip block 和 Rotate block,图标为 ⟳⟲。Flip block 可以使模块旋转 180°,Rotate block 可以使模块顺时针旋转 90°;也可以右击该模块,然后从弹出的快捷菜单中选择 Rotata&Flip 命令来实现功能模块的翻转或旋转操作。上述操作首先选定要操作的功能模块。操作过程如图 7-7 所示。

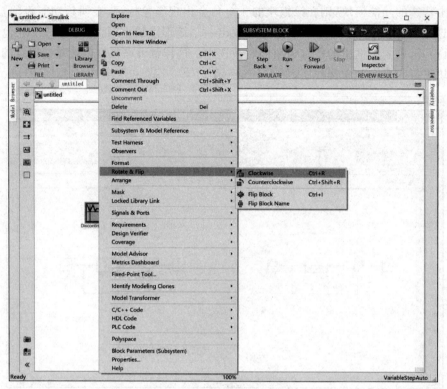

图 7-7　功能模块的翻转或旋转

7. 改变功能模块大小

选定要改变大小的功能模块,然后在 4 个角会出现黑色标记,将鼠标置于任意一个黑色标记处,按住鼠标左键并拖动至适当大小即可,如图 7-8 所示。

8. 功能模块的命名

直接单击需要更改的名称,然后更改即可。也可以从弹出的快捷菜单中选择 Rotate&Flip 命令来实现 Flip block name 操作,使名称在功能模块上方、下方移动变化,如图 7-9 所示。

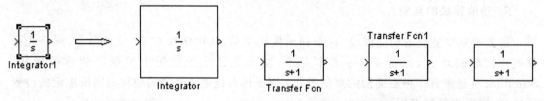

图 7-8　功能模块的大小　　　　　图 7-9　功能模块名称的显示变化

9. 功能模块的颜色设置

选定功能模块,右击弹出快捷菜单,从快捷菜单中选择菜单命令,用 Format →

Foreground Color 菜单命令改变前景颜色；用 Format→Background Color 菜单命令改变背景颜色；用 Format→Screen Color 菜单命令改变前景颜色，如图 7-7 所示。

7.2.3　功能模块之间的连线处理

在 Simulink 中，连线具有连接功能模块的功能，功能模块之间连线本身就是信号线。每条连线都表示标量或向量信号的传输，连线的箭头表示信号流向。连线把一个功能模块的输出端口和另一个功能模块的输入端口连接起来，也可以利用分支线把一个功能模块的输出端口和几个功能模块的输入端口连接起来。实现连线的最基本操作方法如下。

首先将光标置于某功能模块的输出端口上，立即呈现出一个十字形光标，然后拖动十字形光标至另一个功能模块的输入端口，这样就在两个功能模块之间生成一个带有箭头的连线，即完成功能模块连线操作。

实现连线的各种特殊操作方法如下。

1. 连线的分支

连线的分支有 3 种方法：第一种方法是按住 Ctrl 键，在要建立分支的地方用鼠标拉出即可；第二种方法是在要建立分支的地方用鼠标右键拉出即可；第三种方法是由输入端拉线到分支点，如图 7-10 所示。

2. 线的折弯

按住 Shift 键，再用鼠标在要折弯的地方单击，就会出现圆圈。该圆圈表示折点，利用该折点就可以改变线的形状，如图 7-11 所示。

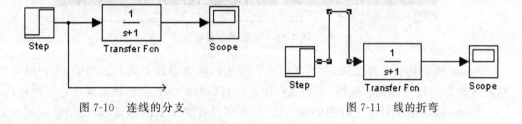

图 7-10　连线的分支　　　　　　　图 7-11　线的折弯

3. 改变连线的粗细

选定连线右击，从弹出的快捷菜单中选择 Format→Wide noscalar Lines 菜单命令改变连线的粗细。即连线的粗细会根据在线上传输的信号特性而变化。如果传输的是数值，则为细线；如果传输的是向量，则为粗线。

4. 给连线设置标注

在线上双击，会在线的左侧出现一个文本方框，即可在该方框里输入该线的文字说明，如图 7-12 所示。

此外，不仅可以给连线加标注，还可以在模

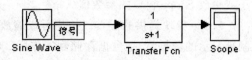

图 7-12　给连线设置标注

型窗口的任意位置输入如标题、说明等文本内容,并且可以改变字体的大小与类型。

7.2.4　演示示波器

从 Sinks 模块函数库中将名称为 Scope 的图标□拖到一个以 untitled 为标题的新的仿真结构图(或模型窗口)中,双击该图标,可以打开示波器显示窗口,如图 7-13 所示。

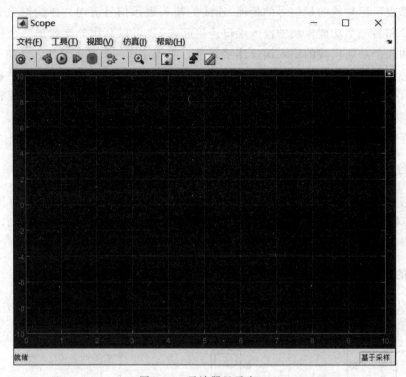

图 7-13　示波器显示窗口

Scope 模块是示波器模块,它与实验室中使用的示波器具有类似的功能,用户既可以在仿真运行期间打开 Scope 模块,也可以在仿真结束后打开 Scope 模块来观察输出轨迹。

Scope 模块显示对应于时间的输入信号,它可以有多个坐标轴系(即每个输入端口对应一个坐标轴),所有的坐标轴系都对应独立的 Y 轴,但 X 轴的时间范围是相同的,用户可以调整需要显示的时间范围和输入值范围。

当用户运行模型仿真时,虽然 Simulink 会把结果数据写入相应的 Scope 模块中,但它并不打开 Scope 窗口,若用户在仿真结束打开 Scope 窗口,则示波器窗口会显示 Scope 模块的输入信号。

如果信号是连续的,则 Scope 窗口会生成“点-点”的曲线;如果信号是离散的,则 Scope窗口会生成阶梯状曲线。此外,用户还可以在仿真运行期间移动 Scope 窗口、改变窗口的大小或更改 Scope 窗口的参数值。

Scope 模块提供的工具栏按钮可以缩放被显示的数据,保存此次仿真的坐标轴设置,限制被显示的数据量,把数据存储到工作区。

修改 Scope 的显示参数时,双击 Scope 的图标调出显示屏幕,如图 7-13 所示,在屏幕上右击弹出快捷菜单,如图 7-14 所示,选择“配置属性”命令,弹出“配置属性：Floating Scope”

对话框,如图 7-15 所示,把"Y 范围(最小值)"改为－3,"Y 范围(最大值)"改为 3,屏幕的"标题"设为 step,单击 OK 按钮。修改后的示波器显示窗口如图 7-16 所示。此外,也可以单击窗口工具栏中的"示波器参数"按钮 ◎ · 更改示波器的参数设置。

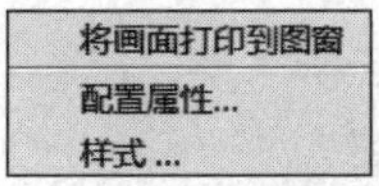

图 7-14　快捷菜单

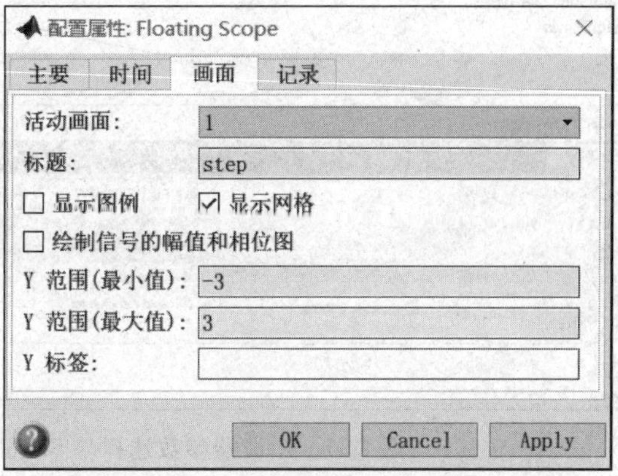

图 7-15　"配置属性:Floating Scope"对话框

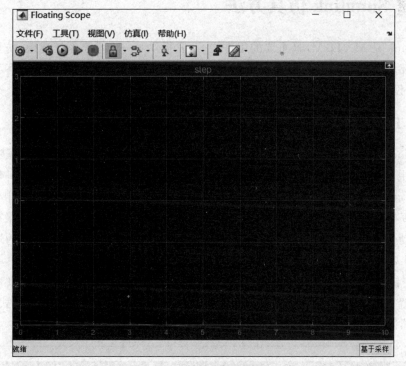

图 7-16　修改后的示波器显示窗口

当示波器参数选择的值与 Simulink 中仿真参数的设置一致时,才能完全显示自己期望的图形,如图 7-17 所示。例如,如果示波器所选定的仿真时间比 Simulink 仿真参数框选定的时间短,则分次显示后面部分;如果示波器所选定的仿真时间比 Simulink 仿真参数框选定的时间长,则不显示超出的实际数值。这时,可以在仿真结束后选择示波器的缩放按钮得到全部仿真结果,或修改示波器 X、Y 轴范围。

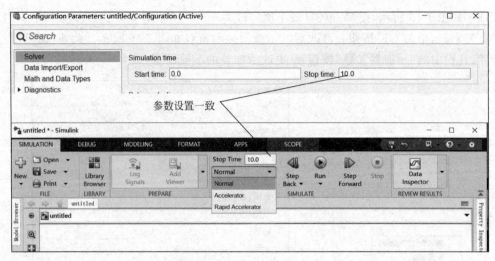

图 7-17　示波器参数选择与 Simulink 仿真参数选择

7.3　Simulink 仿真方法

Simulink 是 MATLAB 最重要的组件之一,它提供了一个动态系统建模、仿真和综合分析的集成环境。在 Simulink 环境下建立好系统模型以后,就可以进行系统仿真了。在仿真前,首先应设置仿真参数,以确定系统仿真过程中的有关控制方式。

7.3.1　仿真参数设置

Simulink 中模型的仿真参数通常在仿真参数对话框内设置。这个对话框中包含仿真运行过程中的所有设置参数,在对话框中可以设置仿真算法、仿真的起止时间和误差容限等,还可以定义仿真结果数据的输出方式和存储方式,并且可以设定对仿真过程中错误的处理方式。仿真参数的设置可以让我们对仿真的环境进行调整,使仿真过程更快,结果更准确。

在启动仿真过程之前,首先选择 SIMULATION→Normal 命令打开仿真的环境参数对话框,如图 7-18 所示,或在模型窗口 MODELING 选项卡的 SETUP 面板中单击 Model Settings 按钮 ◉ ,弹出图 7-19 所示的对话框。在图 7-19 所示的对话框中,可以根据需要进行参数设置。除了设置参数值外,还可以把参数指定为有效的 MATLAB 表达式,这个表达式可以由常量、工作区变量名、MATLAB 函数及各种数学运算符号组成。

图 7-18　Simulink 的 SIMULATION 菜单命令

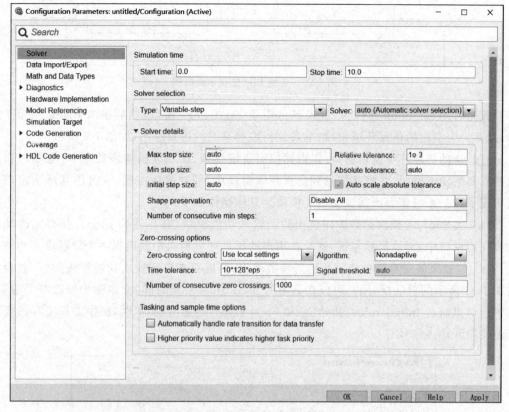

图 7-19　仿真环境参数对话框

参数设置完毕后,可以单击 Apply 按钮应用设置或者单击 OK 按钮关闭对话框,也可以保存模型,以保存所设置的模型仿真参数。

Simulink 的仿真环境窗口包括面板命令和工具栏按钮,用户可以用这些命令或按钮终止或暂停仿真操作。

若要模型执行仿真,可以在仿真环境的 SIMULATE 面板上单击 Run 按钮 启动仿真,Simulink 会从 Configuration Parameters 对话框中指定的起始时间开始执行仿真,仿真过程会一直持续到所定义的仿真终止时间。在这一过程中,如果有错误发生,系统会中止仿真,用户也可以手动干预仿真,如暂停或终止仿真。

在仿真运行过程中,仿真环境窗口底部的状态条会显示仿真的进度,同时,选项卡中的 Run 按钮会替换为 Pause 按钮。单击 Pause 按钮暂停仿真时,Simulink 会完成当前时间步的仿真,并把仿真悬挂起来,这时的 Pause 按钮会变为 Continue 按钮。若要在下一个时间步上恢复悬挂起来的仿真,则可以单击 Continue 按钮继续仿真。

7.3.2　Simulink 建模与仿真示例

下面通过一个具体示例来说明 Simulink 建模和仿真的一般步骤。

【例 7-1】　用 Simulink 建立一个图 7-20 所示的控制系统模型,其中 $K_p=8$,$K_i=4$,$K_d=0.8$。输入信号为阶跃信号。

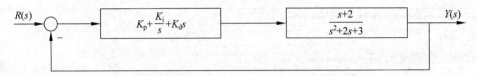

图 7-20　典型 PID 控制系统框图

首先启动 Simulink 软件包,进入 Simulink Start Page 窗口,然后单击 Blank Model 图标,打开一个空白的仿真环境窗口,准备绘制控制系统的仿真框图,如图 7-2 所示。

打开新的仿真环境窗口后,可以根据控制系统模型,从功能模块函数库中(见图 7-3)选出所需要的功能模块,并将其拖动到仿真环境窗口中,释放鼠标左键,这时仿真环境窗口中就出现了控制系统模型所需要的功能模块。具体操作如下。

(1) 从 Sources 模块函数库中选出阶跃输入功能模块(其标注为 Step),并将之拖动到仿真环境窗口中,释放鼠标左键,这时在用户的仿真环境窗口中就出现一个阶跃输入功能模块图标▢,如果需要对该功能模块进行参数修改,可以双击阶跃输入功能模块图标,就会出现图 7-21 所示的对话框,用户可以在其中的 Step time(阶跃时间)文本框中修改有关参数,当然也可以修改 Initial value(初始值)和 Final value(终止值)文本框,根据工程实际需要重新定义阶跃输入信号。

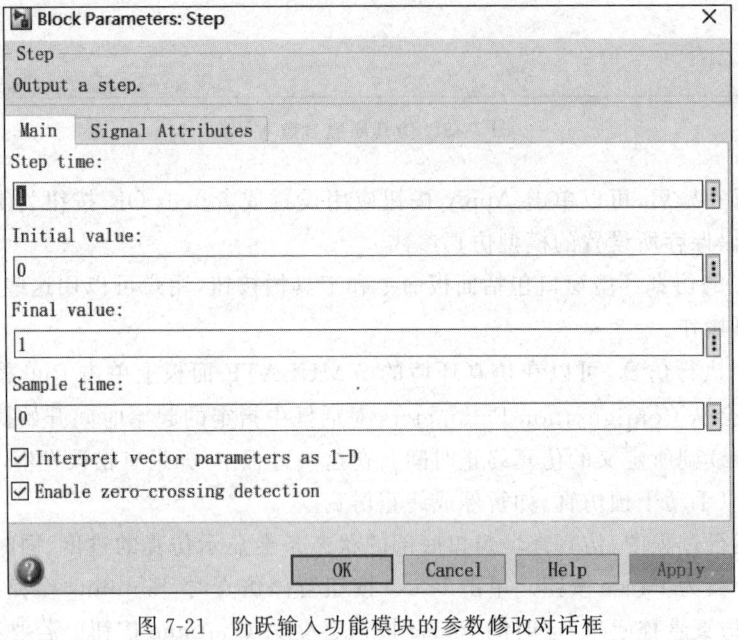

图 7-21　阶跃输入功能模块的参数修改对话框

对于其他的输入功能模块如正弦波、方波、白噪声等也可以采用上述操作方式来实现参数的修改。

(2) 考虑到控制系统中有负反馈环节,所以应在编辑窗口中加入一个加法器。即从 Math 模块函数库中选出加法器模块的图标（其标注为 Sum),并将其拖到仿真环境窗口中,释放鼠标左键。由于本例中所使用的是负反馈,所以要对加法器的符号(默认值为++)

进行修改。具体方法为：先双击加法器图标，得到图 7-22 所示的对话框，在 List of signs 文本框中输入"＋－"，这时新的加法器的两个输入端将变为一正一负。

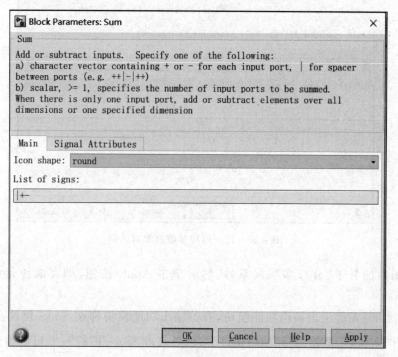

图 7-22　加法器功能模块的参数修改对话框

（3）将 PID 控制器中的有关元件加入到仿真环境窗口中，这些元件可以从 continuous 模块函数库和 Math 模块函数库中选出。PID 控制器的各个环节中都含有一个比例模块，用户可以从 Math 模块函数库中选出比例模块（其标注为 Gain）并拖至仿真环境窗口中，通过双击比例模块的图标 $\triangleright$ 的方法来得到参数修改对话框，如图 7-23 所示。然后用户可以从 continuous 模块函数库中分别选出积分器 $\frac{1}{s}$（其标注为 Integrator）和微分器 $\frac{du}{dt}$（其标注为 Derivative）的图标，将它们拖到仿真环境窗口中，释放鼠标左键，这时在仿真环境窗口中就分别出现积分器功能模块图标 $\frac{1}{s}$ 和微分器功能模块图标 $\frac{du}{dt}$。如果需要对积分器或微分器功能模块进行参数修改，同样双击相应的功能模块图标，就会出现相应的参数修改对话框。这里不再赘述。

另外，在 PID 控制器的后面还应该添加一个加法器，使得比例环节、积分环节和微分环节的输出信号能够叠加起来，这时只需在图 7-22 所示对话框中的 List of signs 的文本框中输入"＋＋＋"即可。

（4）控制系统的控制对象是以传递函数形式给出的，所以从 Continuous 模块函数库中选出传递函数模块图标 $\frac{1}{s+1}$（其标注为 Transfer Fcn），并将其拖到仿真环境窗口中，它的默认值为 $\frac{1}{s+1}$。如果需要改变参数，应双击该图标，得到图 7-5 所示的传递函数功能模块的参数修改对话框，并在 Numerator（分子）和 Denominator（分母）文本框中输入控制

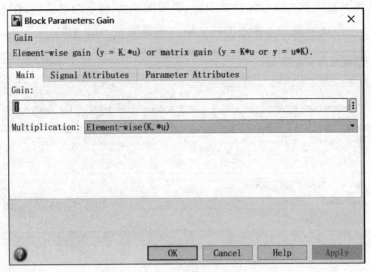

图 7-23　比例模块参数修改对话框

对象传递函数的分子、分母多项式系数,然后单击 Apply 按钮,即完成传递函数的参数修改。

(5) 到此,还需要引出输出功能模块,有关输出功能模块都在 Sinks 模块函数库中,从该库中找出 Scope(示波器)拖到编辑窗口中,然后双击 Scope 图标□,可以得到图 7-13 所示的示波器显示窗口,其形状就像一个示波器,Simulink 提供的示波器与硬件示波器的效果非常相似,如果需要修改示波器的横、纵坐标范围,可以单击 ◎· 图标,得到图 7-24 所示的对话框,在该对话框中用户可以根据自己的需要重新设定示波器的横、纵坐标范围,使得输出结果能够在示波器上较好地显示出来。

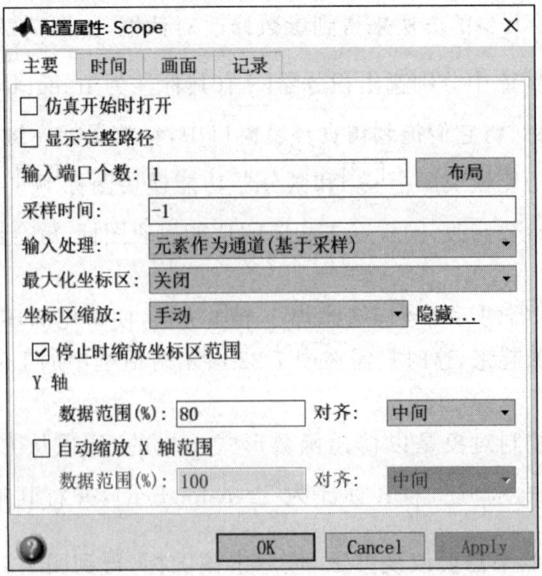

图 7-24　示波器参数修改对话框

　　按照上述方法将所有功能模块画出来,再采用前面介绍的有关模块连线的方法,将相关模块连接起来,构成一个用 Simulink 描述的控制系统仿真模型,如图 7-25 所示。这样就可以用 MATLAB 直接处理该仿真模型了。

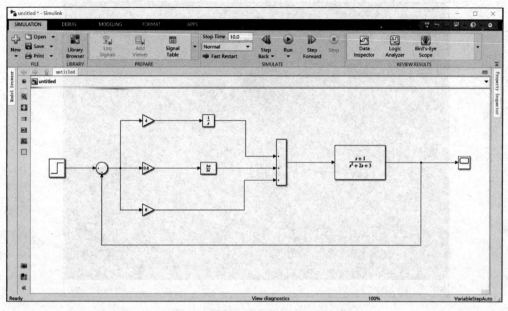

图 7-25　用 Simulink 描述的控制系统模型

　　下面,可以进行系统仿真了。选择 SIMULATION→Run 按钮启动仿真,如果仿真模型中没有定义的参数,则会出现图 7-26 所示的消息框来提醒用户,如果一切设置正常,则开始仿真分析。这时会在示波器上实时显示仿真结果,如图 7-27 所示。

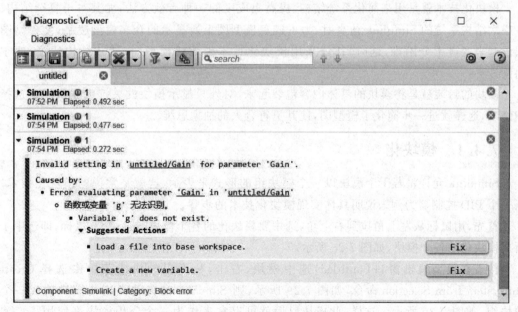

图 7-26　仿真模型错误提示消息框

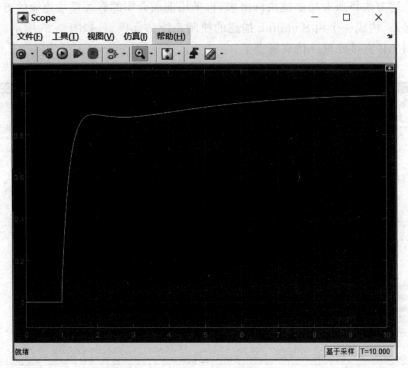

图 7-27　仿真结果在示波器上的显示

7.4　模块化与封装

模块化技术就是用来简化系统结构、提高集成度的一种有效方法,尤其对于复杂结构、多层次结构系统的 Simulink 仿真时,为了避免模型图上所显示的众多模型凌乱,使模型图阅读起来变得十分困难,这时,往往采用模块化技术来简化模型图,使其结构清晰、便于阅读。

模块的封装就是将模块的具体内容包装起来,对外只显示模块的关键数据供用户选择和修改,这样就进一步简化了模型图,使其更符合人的抽象思维。

7.4.1　模块化

Simulink 允许将若干个模块以一个模块组的形式来表示,这就是常说的模块化技术。以一个 PID 控制器为例来说明具体实现模块化技术的步骤。

首先,用鼠标从左上角拉到右上角,选中要模块化的各个模块,然后松开鼠标,即选中了所要模块化的各个模块,如图 7-28 所示。

接着在模型编辑窗口(untitled)选中模块,右击,从弹出的快捷菜单中选择 Create Subsystem from Selection 命令,如图 7-29 所示,则 Simulink 会自动将这些模块构成一个模块组,如图 7-30 所示。这样,此模块以后就可以拿来作为一个公用模块来使用了。如果用户希望改变模块组的具体内容,可以双击该模块组的图标,这时就自动地弹出一个

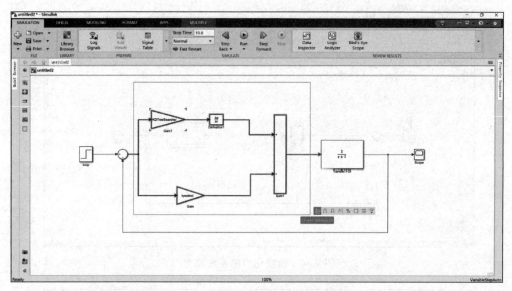

图 7-28　选中要模块化的各个模块

子模型窗口,将该模块的具体内容显示出来,如图 7-31 所示,用户也可以在这个窗口中修改该模块的内容。用户还可以很容易地修改各个模块图标的说明文字(或者模块的名称),这需要首先选中模块图标下的 Subsystem 说明文字(或称为模块名称),如图 7-32 所示,然后输入 PID Controller 字样,这时模块图标的说明文字就更改成 PID Controller,如图 7-33 所示。

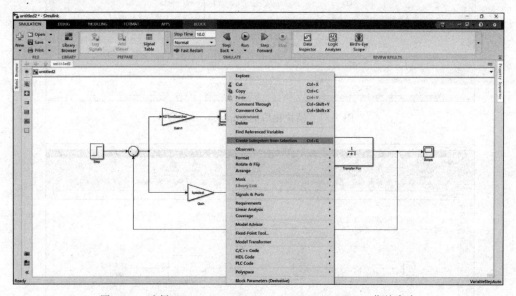

图 7-29　选择 Edit→Create Subsystem from Selection 菜单命令

将经过模块化处理后的子系统保存,在以后仿真设计时就可以直接调用了。用户可以随时双击已设计好的子系统的模块图标,则会弹出子系统的模块布局图,用户可以对它进行修改。

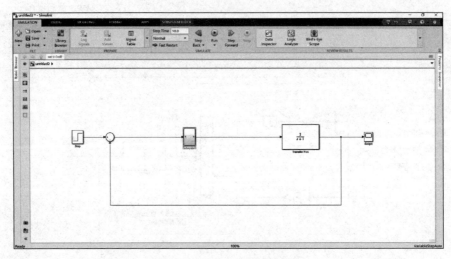

图 7-30　模块化后的系统模型

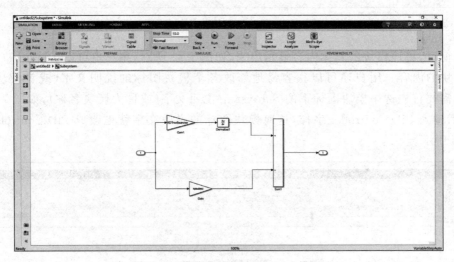

图 7-31　模块化后的 Subsystem 模型

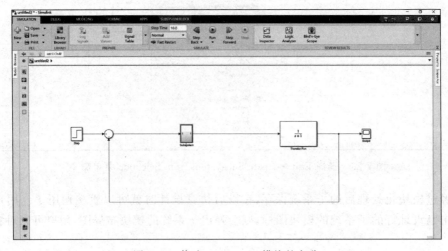

图 7-32　修改 Subsystem 模块的名称

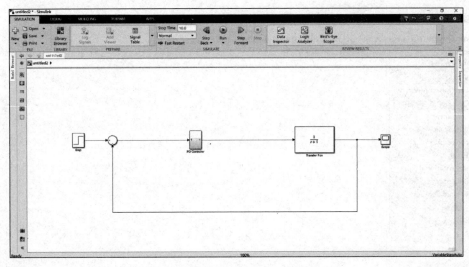

图 7-33　修改后的 Subsystem 模块的名称

7.4.2　封装

利用 Simulink 的封装功能,可以自定义做一个模块的对话框和图标。对模块采用封装有以下好处。

(1) 用户与模块内容的复杂性隔离。

(2) 提供一个描述性的、友好的用户接口。

(3) 保护模块的内容免受无意识干扰的影响。

封装的一个重要作用就是帮助用户创建一个对话框来设置或修改该子系统的关键参数。现在以上述已模块化的 PD Controller 为例,接着说明如何对它进行封装。

首先选中要封装的模块,右击,从弹出的快捷菜单中选择 Mask→Edit Mask 命令,如图 7-34 所示,这时就会弹出模块封装对话框,图 7-35 所示。

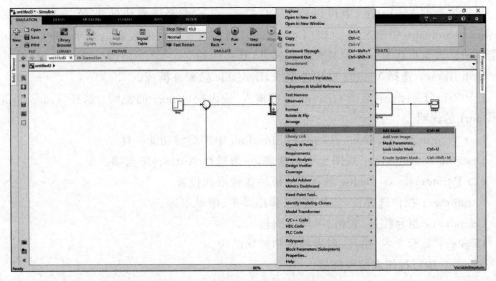

图 7-34　选择 Edit→Edit mask 命令

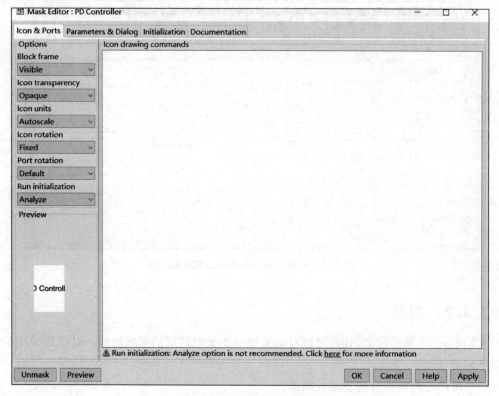

图 7-35　模块封装对话框

从图 7-35 中可以看出，该窗口有 Icon & Ports、Parameters & Dialog、Initialization 和 Documentation 4 个选项卡，其功能分别如下。

(1) Icon & Ports 选项卡：设定封装模块的名称与外观。

选中 Icon & Ports 选项卡后，它的界面如图 7-35 所示。可以对这个对话框进行以下操作。

在封装类型 Mask type 中可以输入 PD Controller，表明该模块的类型，在画图坐标系 Drawing coordinates 中输入 disp(PD Controller)，则在封装模块的表面上显示 PD Controller 文字说明。该窗口还有 4 个封装模块的属性，其功能如下。

Icon frame：选择 Visible 显示外框线，Invisible 隐藏外框线。

Icon transparency：选择 Opaque 隐藏输入/输出接口 port 的说明；选择 Transparency 显示 port 的说明。

Icon rotation：旋转模块，其功能与 Simulink 中的旋转功能一样。

Drawing coordinates：画图坐标系选项，一般选择 Autoscale 选项。

(2) Parameters & Dialog 选项卡：模块参数形式设置。

Parameter：控件选择板，如复选框、弹出菜单、滚动条等。

Container：组合控件、表格、可伸缩面板。

Display：显示文本、图片、列表控件和树状结构。

Action：执行按钮或超级链接。

（3）Initialization 选项卡：输入数据初始化窗口。

在这个窗口中可以对各个输入量进行初始化设计。该窗口有如下属性。

- Prompt：输入变量的含义，其内容会显示在输入、输出提示中。
- Variable：输入变量名称。
- Add 和 Delete：增加或减少输入变量。
- Up 和 Down：调整变量之间的位置。
- Control type：给用户提供了设计编辑区的选择。有 Edit、Popup、Checkbox 三种选项。
- Assignment：配合 Control type 的不同选项来提供不同的变量值，有 Evaluate 和 Literal 两种选项。

例如，将变量 output 设计成变量标识名为 out1、变量输入类型为 Edit 的显示变量，如图 7-36 所示。按照相同方法可以将其他格式的输入变量也设置为相同类型。最后在 Initilization Commands 文本框中输入以下语句：

output = input * kp + input * kd * s

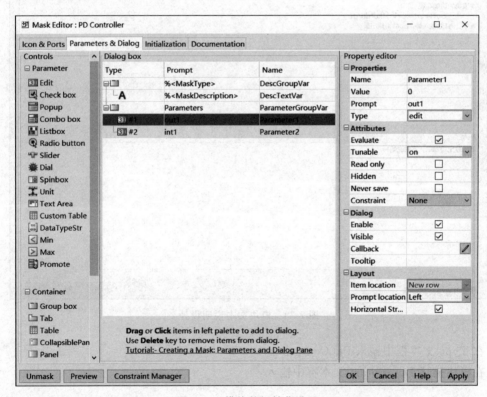

图 7-36　模块的初始化设置

完成上述操作后双击该模块图标，这时会弹出图 7-37 所示的对话框，而不会再显示该模块的内部组成，从而实现了模块设计的保密性，也简化了模块的初始化过程。

（4）Documentation 选项卡：设定封装模块的文字说明。

该选项卡主要完成对该封装模块的文字说明设计，在 Documentation 选项卡所对应的对话框中，可以分别在以下文本框中输入相关的语句，如图 7-38 所示。

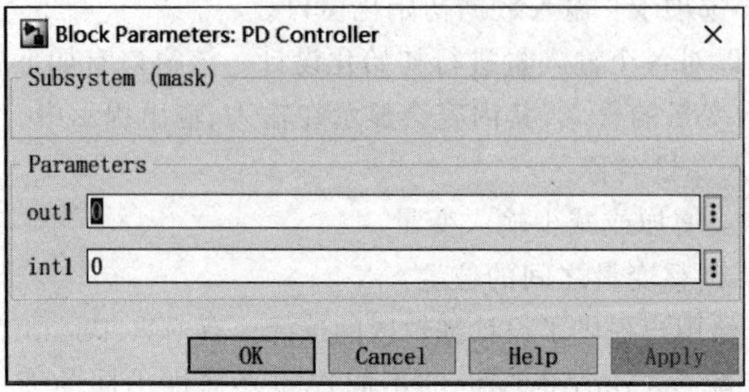

图 7-37　初始化后的封装模块

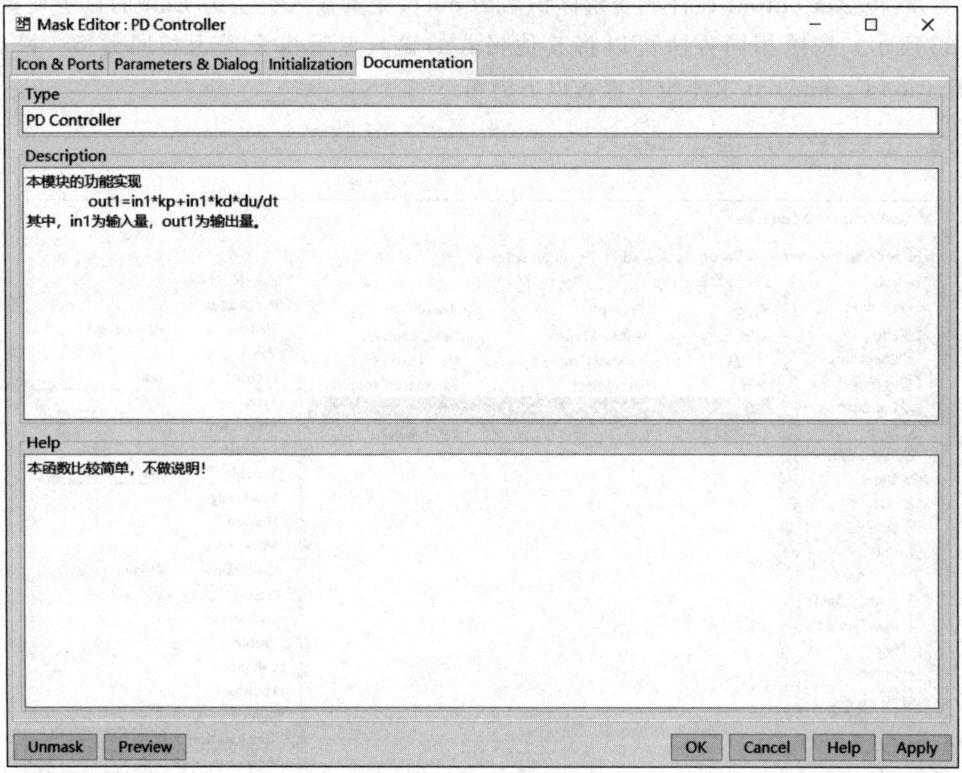

图 7-38　模块文本说明设计

在 Type 文本框中输入 PD Controller。

在模块描述 Description 文本框中输入：

本模块的功能实现

　　out1 = in1 * kp + in1 * kd * du/dt

其中, in1 为输入量, out1 为输出量。

在模块帮助 Help 文本框中输入：

本函数比较简单, 不作说明！

完成上述操作后模块说明就完成了, 关闭模块封装对话框。双击该模块, 将弹出图 7-39

所示的对话框,该对话框将显示 Type、Description、Help 中输入的文字。

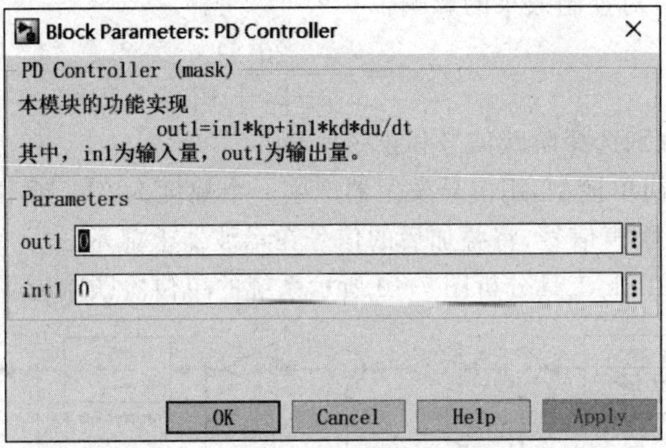

图 7-39　封装完成后的模块设置对话框

经过以上操作后,一个模块的封装就完成了,就可以将它放入模块库中以便进一步设计时使用。

如果对封装效果不满意,可以在图 7-35 所示的模块封装对话框中单击 Unmask 按钮,这样就可以取消所有的封装。对于已经封装好的模块,可以通过选择模型编辑窗口(untitled)中的快捷菜单 Mask→Look Undermask 命令来查看模块的内部设计图。

小结

本章首先介绍了功能强大的仿真环境——Simulink,利用该工具可以仿真任意复杂的控制系统。

然后,翔实地介绍了 Simulink 功能模块库中常用模块及其使用方法,重点介绍了 Simulink 的仿真流程,即一般先根据将要仿真的功能从功能模块函数库中选定功能模块(或自定义模块),然后设置功能模块的属性,接着根据仿真中的数据处理顺序用连线把功能模块连接起来,最后保存文件。通过仿真能够分析实际控制系统的性能。

最后,介绍了模块封装技术,为用户建立自己的模块库奠定基础。

习题

7.1　什么是 Simulink?

7.2　如何进行下列操作。

(1) 翻转模块。

(2) 给模型窗口加标题。

(3) 指定仿真时间。

(4) 设置示波器的显示刻度。

7.3　用 Simulink 建立以下控制系统的仿真模型,并对系统进行阶跃响应仿真。

$$G(s) = \frac{2}{s^2 + 4s + 8}$$

7.4 在 Simulink 环境下,设计一个 PID 控制器,实现下面被控对象的控制,并观察选择不同的 PID 参数时对控制效果的影响:

$$G(s) = \frac{20}{s^2 + 2s + 12}$$

其中系统输入信号分别选择阶跃信号和正弦信号。

7.5 建立一个简单模型,用信号发生器产生一个幅度为 2V、频率为 0.5Hz 的正弦波,并叠加一个 0.1V 的噪声信号,将叠加后的信号在示波器上显示。

7.6 利用 Simulink 工具分析图 7-40 所示系统的单位阶跃响应。

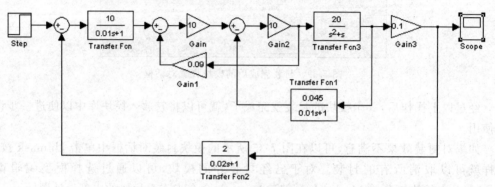

图 7-40 某控制系统仿真模型

MATLAB在线性连续控制系统中的应用

8.1 MATLAB 在线性控制系统中的建模与仿真

要分析一个控制系统,首先需要能够描述该系统,本章仅研究线性连续控制系统情况,例如,一个线性连续控制系统的传递函数为

$$G(s) = \frac{Y(s)}{R(s)} = \frac{b_0 s^m + b_1 s^{m-1} + \cdots + b_{m-1} s + b_m}{a_0 s^n + a_1 s^{n-1} + \cdots + a_{n-1} s + a_n} \tag{8-1}$$

在 MATLAB 环境下描述它的方法有传递函数描述、部分分式描述、零极点描述。下面就详细介绍。

8.1.1 传递函数描述

对于式(8-1)而言,在 MATLAB 环境下,传递函数分子和分母常用它们对应的多项式系数组成的向量来表示,即 num$=[b_0 \quad b_1 \quad \cdots \quad b_{m-1} \quad b_m]$ 和 den$=[a_0 \quad a_1 \quad \cdots \quad a_{n-1} \quad a_n]$ 分别表示传递函数的分子和分母多项式系数向量,描述一个线性连续控制系统可用 MATLAB 工具箱中提供的 tf() 函数来实现。其命令格式为:

```
sys = tf(num,den)
```

其中,num 和 den 分别为传递函数的分子和分母多项式的系数向量。注意,缺项的系数应当用零代替。

【例 8-1】 用 MATLAB 语言描述某系统的传递函数 $G(s) = \dfrac{s+1}{s^2+5s+6}$。

在 MATLAB 的"命令行"窗口中输入以下命令:

```
>> num = [1 1];
>> den = [1 5 6];
>> sys = tf(num,den)
```

运行结果为:

```
Transfer function:
    s + 1
  --------------
s^2 + 5 s + 6
```

8.1.2 部分分式描述

线性连续控制系统的传递函数也可以表示成部分分式的形式,即将式(8-1)改写成

$$G(s) = \frac{Y(s)}{R(s)} = \frac{r_1}{s-p_1} + \frac{r_2}{s-p_2} + \cdots + \frac{r_n}{s-p_n} + k \tag{8-2}$$

式中:r_i 为留数;p_i 为极点;k 为常数项。

在 MATLAB 控制工具箱中,提供了 residue()函数来实现传递函数和部分分式之间的转换。其调用格式为:

```
[r,p,k] = residue(num,den)
```

其中,num 和 den 分别为传递函数的分子和分母多项式的系数向量;r 为留数;p 为极点;k 为常数项。

【例 8-2】 用 MATLAB 语言描述某系统的传递函数 $G(s) = \dfrac{s+3}{s^2+3s+2}$ 的部分分式的展开式。

在 MATLAB 的"命令行"窗口中输入以下命令:

```
>> num = [0 1 3];
>> den = [1 3 2];
>> [r,p,k] = residue(num,den)
```

运行结果为:

```
r =
    - 1
     2
p =
    - 2
    - 1
k =
    []
```

反之,也可以利用 MATLAB 提供的下列函数:

```
[num,den] = residue(r,p,k)
```

再将部分分式展开式返回到传递函数多项式的形式,即

```
>> [num,den] = residue(r,p,k)
```

运行结果为:

```
num =
    1    3
```

```
den =
    1    3    2
```

8.1.3　零极点描述

将传递函数中关于 s 的分子和分母多项式进行因式分解，即得到如下传递函数的零极点表达形式为

$$G(s) = \frac{Y(s)}{R(s)} = \frac{(s-z_1)(s-z_2)\cdots(s-z_{m-1})(s-z_m)}{(s-p_1)(s-p_2)\cdots(s-p_{n-1})(s-p_n)} \tag{8-3}$$

式中：z_i 和 p_i 分别为系统的零点和极点。

在 MATLAB 控制工具箱中，提供了 zpk() 函数来实现多项式形式的传递函数到零极点形式的传递函数的转换。

【例 8-3】　用 MATLAB 语言将某系统的传递函数 $G(s) = \dfrac{s+3}{s^2+3s+2}$ 描述为零极点形式。

在 MATLAB 的"命令行"窗口中输入以下命令：

```
>> ss = zpk(sys)
```

运行结果为：

```
Zero/pole/gain:
   (s + 1)
 ------------
 (s + 3) (s + 2)
```

另外，MATLAB 还提供了两个实现传递函数描述与零极点描述相互逆变换的函数，即 tf2zp() 和 zp2tf()。

【例 8-4】　用 MATLAB 语言将某系统的传递函数 $G(s) = \dfrac{s+1}{s^2+5s+6}$ 描述为零极点形式，然后再用 MATLAB 语言将它的零极点形式转换为传递函数形式。

在 MATLAB 的"命令行"窗口中输入以下命令：

```
>> num = [1 1];
>> den = [1 5 6];
>> [z,p,k] = tf2zp(num,den)
```

运行结果为：

```
z =
    -1
p =
    -3.0000
    -2.0000
k =
    1
```

再利用所得的结果，实现逆变换：

```
>> [num,den] = zp2tf(z,p,k)
num =
     0    1    1
den =
     1    5    6
```

8.2　线性控制系统的时间响应分析

对于线性控制系统来说,时间响应分析主要研究系统对输入和扰动在时域内的瞬态行为。一些系统特征,如上升时间、过渡过程时间、超调量及稳态误差等都可以从时间响应分析上反映出来。

MATLAB 的控制工具箱提供了许多线性控制系统在特定输入下的仿真函数,如连续时间系统在阶跃输入激励下的仿真函数 step()、脉冲输入激励下的仿真函数 impulse()以及任意输入激励下的仿真函数 lsim()等。

8.2.1　阶跃输入激励下的仿真响应分析

阶跃输入激励在控制系统中是一个比较常用的输入激励,MATLAB 提供的函数为 step(),其调用格式为:

```
step(num,den)
```

其中,num 和 den 分别为传递函数的分子和分母多项式的系数向量,当该函数没有返回值时,MATLAB 将直接在屏幕上绘制出系统的阶跃响应曲线。

【例 8-5】　绘制在单位阶跃输入激励作用下系统 $G(s)=\dfrac{10}{5s^2+2s+1}$ 的响应曲线。

在 MATLAB 的"命令行"窗口中输入以下命令:

```
>> num = [0 0 10];
>> den = [5 2 1];
>> step(num,den)
```

运行结果如图 8-1 所示。

8.2.2　脉冲输入激励下的仿真响应分析

脉冲输入激励是另一个在控制系统中比较常用的输入激励,MATLAB 提供的函数为 impulse(),其调用格式为:

```
impulse(num,den)
```

其中,num 和 den 分别为传递函数的分子和分母多项式的系数向量,当该函数没有返回值时,MATLAB 将直接在屏幕上绘制出系统的脉冲响应曲线。

【例 8-6】　绘制在单位脉冲输入激励作用下系统 $G(s)=\dfrac{10}{5s^2+2s+1}$ 的响应曲线。

在 MATLAB 的"命令行"窗口中输入以下命令:

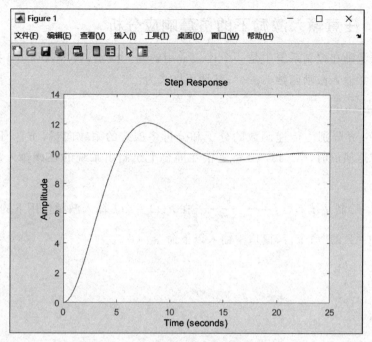

图 8-1　阶跃输入激励下的仿真曲线

```
>> num = [0 0 10];
>> den = [5 2 1];
>> impulse(num,den)
```

运行结果如图 8-2 所示。

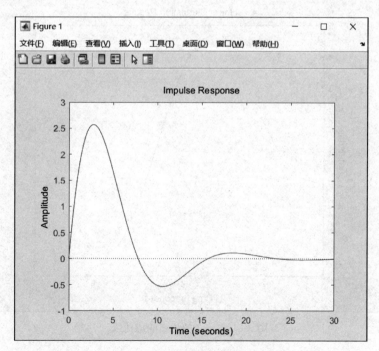

图 8-2　脉冲输入激励下的仿真曲线

8.2.3　任意输入激励下的仿真响应分析

任意输入激励在控制系统中是一个比较常用的输入激励,在 MATLAB 控制系统工具箱中提供了任意输入激励函数 lsim(),其调用格式为:

```
lsim(num,den,u,t)
```

其中,num 和 den 分别为传递函数的分子和分母多项式的系数向量;u 为任意输入激励。当该函数没有返回值时,MATLAB 将直接在屏幕上绘制出系统的在该输入激励作用下的响应曲线。

【例 8-7】　绘制系统 $G(s) = \dfrac{10}{5s^2 + 2s + 1}$ 在 $u(t) = \sin t$ 输入激励作用下的响应曲线。

在 MATLAB 的"命令行"窗口中输入以下命令:

```
>> num = [0 0 10];
>> den = [5 2 1];
>> t = 0:0.01:10;
>> u = sin(t);
>> lsim(num,den,u,t)
```

运行结果如图 8-3 所示。

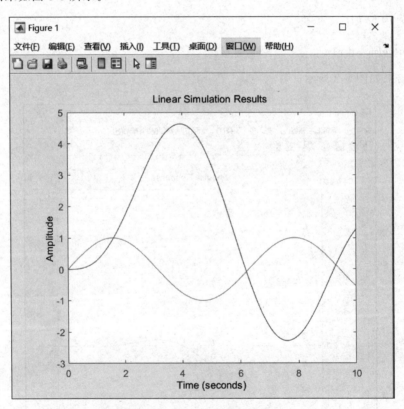

图 8-3　例 8-7 的仿真响应曲线

8.3　线性控制系统的频域响应分析

控制系统的频域响应是经典控制理论的一个重要组成部分。其原理是：若一个线性系统受到频率为 w 的正弦输入激励时，其输出仍然为正弦信号，而且其幅值和相位随着输入激励频率 w 变化而变化，并取决于系统传递函数的幅值和相角。用公式描述为

$$G(\mathrm{j}w)=\frac{Y(\mathrm{j}w)}{R(\mathrm{j}w)}=\frac{b_0(\mathrm{j}w)^m+b_1(\mathrm{j}w)^{m-1}+\cdots+b_{m-1}(\mathrm{j}w)+b_m}{a_0(\mathrm{j}w)^n+a_1(\mathrm{j}w)^{n-1}+\cdots+a_{n-1}(\mathrm{j}w)+a_n} \tag{8-4}$$

MATLAB 的控制系统工具箱提供了许多求取并绘制系统频率响应曲线的函数，如 Bode 图绘制函数 bode()。它的调用格式为：

[m,p] = bode(num,den,w)

其中，num 和 den 分别为传递函数的分子和分母多项式的系数向量；w 为角频率范围；m、p 分别代表 Bode 响应的幅值向量和相位向量。

【例 8-8】　已知 $G(s)=\dfrac{50}{25s^2+2s+1}$，利用 MATLAB 语言绘制该传递函数的频率特性曲线。

在 MATLAB 的"命令行"窗口中输入以下命令：

```
>> num = [0 0 50];
>> den = [25 2 1];
>> bode(num,den)
>> grid on
```

运行结果如图 8-4 所示。

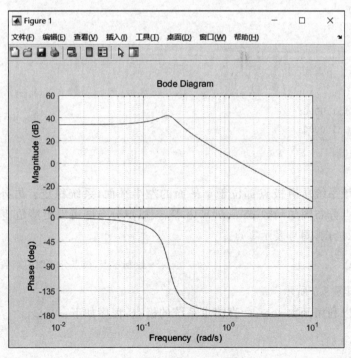

图 8-4　例 8-8 的仿真响应曲线

8.4 线性控制系统的稳定性分析

给定一个控制系统,可利用 MATLAB 提供的时域、频域响应分析函数来判断系统的稳定性,也可以直接求出系统的极点来直接判断系统的稳定性。

8.4.1 直接求根法

由控制理论可知,一个线性连续系统的所有极点都位于 s 平面的左半平面,则该系统为一个稳定系统。MATLAB 提供了可以直接求出控制系统所有极点的函数,即 roots( )和tf2zp( )。它们的调用格式为:

```
[z,p,k] = tf2zp(num,den)
roots(den)
```

其中,num 和 den 分别为系统的传递函数的分子和分母多项式的系数向量;z、p、k 分别为该系统的零点、极点和放大系数。

【例 8-9】 已知 $G(s) = \dfrac{s+2}{s^3+5s^2+8s+6}$,利用直接求根法判断该系统的稳定性。

在 MATLAB 的"命令行"窗口中输入以下命令:

```
>> num = [1 2];
>> den = [1 5 8 6];
>> [z,p,k] = tf2zp(num,den)
```

运行结果为:

```
z =
    - 2
p =
  - 3.0000
  - 1.0000 + 1.0000i
  - 1.0000 - 1.0000i
k =
    1
```

由此可知,该系统所有极点都位于 s 平面的左半平面,系统稳定。另外,MATLAB 提供了绘制零、极点分布图的函数 pzmap( ),由零点、极点分布图可以更清楚地看到这个结果,一般用叉号表示极点,圈号表示零点。

```
>> pzmap(p,z)                          %绘制零点、极点分布图的函数
```

运行结果如图 8-5 所示。

此外,还可以利用函数 roots( )直接求系统的极点,程序如下:

```
>> den = [1 5 8 6];
>> roots(den)
```

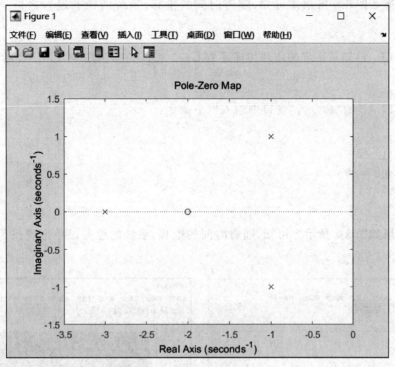

图 8-5 零点、极点分布图

运行结果为：

```
ans =
  - 3.0000
  - 1.0000 + 1.0000i
  - 1.0000 - 1.0000i
```

由此可见，两种函数的运行结果一致。

8.4.2 时域状态下稳定性分析

在时域状态下，系统的稳定性分析主要根据系统输出响应，来判断系统能否稳定运行，稳态误差是否能趋近于 0。

【例 8-10】 已知某系统的闭环传递函数 $G(s) = \dfrac{64}{s^2 + 4s + 64}$，利用 MATLAB 语言判断该系统的稳定性。

在 MATLAB 的"命令行"窗口中输入以下命令：

```
>> num = [64];
>> den = [1 4 64];
>> y = step(num,den);
>> e = y - 1;
>> plot(e)
>> grid
```

运行结果如图 8-6 所示。可知,随着时间的推移,系统的稳态误差趋近于零,系统能稳定。

【例 8-11】 已知某系统的闭环传递函数 $G(s) = \dfrac{50}{s^2 + 50}$,利用 MATLAB 语言判断该系统的稳定性。

在 MATLAB 的"命令行"窗口中输入以下命令:

```
>> num = [50];
>> den = [1 0 50];
>> y = step(num,den);
>> e = y - 1;
>> plot(e)
```

运行结果如图 8-7 所示。可知,随着时间的推移,系统的稳态误差出现振荡现象,系统不稳定。

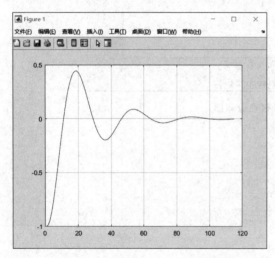
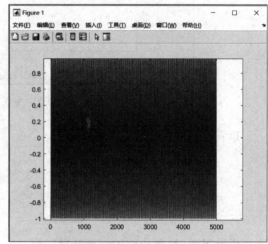

图 8-6　系统的稳态误差曲线(一)　　　　　图 8-7　系统的稳态误差曲线(二)

8.4.3　频域状态下稳定性分析

MATLAB 的控制系统工具箱提供了分析系统性能时的系统幅值裕量函数和相位裕量函数,如求系统幅值裕量和相位裕量函数 margin()。它的调用格式为:

```
[Gm,Pm,wcg,wcp] = margin(num,den)
```

其中,num 和 den 分别为传递函数的分子和分母多项式的系数向量;Gm、Pm 分别为系统的幅值裕量和相位裕量;wcg、wcp 分别为求出系统的幅值裕量和相位裕量处的频率值。

另外,MATLAB 还提供了用于绘制极坐标图(奈奎斯特图)的函数 nyquist(),通过该函数也可以判断系统的稳定性。它的调用格式为:

```
[re,im,w] = nyquist(num,den,w)
```

其中,num 和 den 分别为传递函数的分子和分母多项式的系数向量;w 为角频率范围,返回值 re、im 分别为频率特性函数的实部和虚部。

【**例 8-12**】　已知系统的开环传递函数为 $G(s) = \dfrac{0.325}{s(s+1)(0.5s+1)}$，求该系统的稳定性。

在 MATLAB 的"命令行"窗口中输入以下命令：

```
>> num = [0.325];
>> den = [0.5 1.5 1 0];
>> [gm, pm, wcg, wcp] = margin(num, den)
gm =
    9.2308
pm =
   64.2001
wcg =
    1.4142
wcp =
    0.3071
```

绘制该系统的 Bode 曲线，如图 8-8 所示。

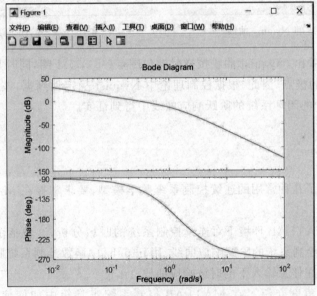

图 8-8　例 8-12 系统的 Bode 曲线

【**例 8-13**】　已知某单位负反馈系统的开环传递函数为 $G(s) = \dfrac{26}{(s+6)(s-1)}$，绘制该系统的 Nyquist 图，判断闭环系统的稳定性，并求出系统的阶跃响应。

在 MATLAB 的"命令行"窗口中输入以下命令：

```
>> k = 26;
>> z = [];
>> p = [1 -6];
>> [num, den] = zp2tf(z, p, k);
>> nyquist(num, den)
```

绘制该系统的 Nyquist 曲线,如图 8-9 所示。

```
>> [numc,denc] = cloop(num,den);
>> step(numc,denc)
```

系统的闭环阶跃响应曲线如图 8-10 所示。

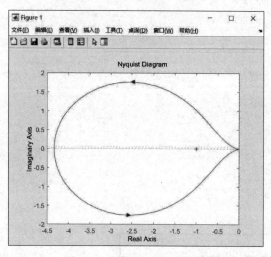

图 8-9　系统的 Nyquist 曲线

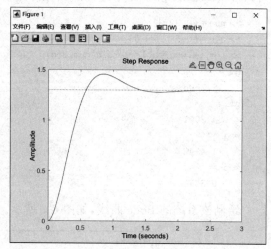

图 8-10　系统的闭环阶跃响应曲线

从图 8-9 可以看出,Nyquist 曲线按逆时针包围点(-1,j0)1 圈,同时开环只有一个位于 s 平面的右半平面的极点,因此,根据控制理论中 Nyquist 稳定性判据,该系统闭环稳定,这也可以从图 8-10 中的闭环系统的阶跃响应曲线中得到证实。

小结

本章首先介绍了几种常用的连续控制系统数学模型,要求掌握在 MATLAB 环境下描述它们的方法。

重点掌握在 MATLAB 环境下对连续控制系统的时域分析,这包括由 MATLAB 给出的 step()函数直接绘制系统的阶跃响应曲线、用 impulse()函数绘制系统脉冲响应曲线以及用 lsim()函数绘制在任意输入下的时域响应曲线。

从频域响应的角度介绍了在 MATLAB 控制系统工具箱中如何使用有关函数绘制 Nyquist 图、Bode 图以及通过求出它们幅值裕量和相位裕量来分析控制系统的稳定性。

习题

8.1　用 MATLAB 语言描述线性控制系统的方法有哪些?

8.2　已知某系统的传递函数为 $G(s)=\dfrac{50(s+3)}{s^3+10s^2+37s+78}$,试用 MATLAB 语言:(1)求该系统的零点和极点;(2)绘制该系统的零点、极点分布图。

8.3　用 MATLAB 语言实现某一阶系统的阶跃与脉冲响应:

$$G(s) = \frac{10}{5s + 1}$$

8.4　已知某二阶系统的传递函数为 $G(s) = \dfrac{\omega^2}{s^2 + 2\zeta\omega s + \omega^2}$，其中 $\omega = 6, \zeta = 0.7$，绘制该系统的单位阶跃响应曲线。

8.5　用 MATLAB 语言实现下面系统的任意输入响应的仿真：

$$G(s) = \frac{5}{s^2 + 2s + 5}$$

8.6　用 MATLAB 语言实现某二阶系统的 Bode 曲线：

$$G(s) = \frac{10s + 1}{5s^2 + 12s + 7}$$

8.7　用 MATLAB 语言实现某二阶系统的幅值裕量和相位裕量：

$$G(s) = \frac{25}{s^2 + 40s + 25}$$

chapter 9

MATLAB模糊逻辑工具箱及应用

9.1 模糊控制简述

"模糊"是人类感知万物、获取知识、思维推理、决策实施的重要特征。"模糊"比"清晰"所拥有的信息量更大,内涵更丰富,更符合客观世界。模糊控制理论是由美国著名学者L. A. Zadeh 于 1965 年首先提出的,至今已有 50 余年时间。它以模糊数学为基础,用语言规则表示方法和先进的计算机技术,依据模糊推理进行决策的一种高级控制策略。它无疑是属于智能控制范畴,而且发展至今已成为人工智能领域中的一个重要组成部分。

在日常生活中,人们往往用"较少""较多""很小"等模糊语言来进行控制。例如,当打开水阀向水桶放水时,有这样的经验:桶里没有水或水较少时,水阀门拧大一些;桶里的水比较多时,水阀门就拧小一点;水桶里的水快满时应把水阀门拧小些;水桶里的水满时,应迅速关闭水阀门。

1974 年,英国的 E. H. Mamdani 教授研制成功了第一个模糊控制器,充分展示了模糊控制技术的应用前景。模糊控制技术是由模糊数学、计算机科学、人工智能、知识工程等多门学科相互渗透,且理论性很强的科学技术。

模糊控制是基于规则的一种智能控制方式,它不依赖于被控对象的精确数学模型,特别适宜对具有多输入—多输出的强耦合性、参数的时变性和严重的非线性与不确定性的复杂控制系统或过程的控制。

目前,模糊控制已在工业过程、交通信号灯控制、家用电器、机器人等诸多领域得到广泛的应用,被公认为是简单、有效且实用的新型控制技术之一。

9.2 MATLAB 模糊逻辑工具箱

随着模糊控制的迅速发展,MathWorks 公司在其 MATLAB 版中添加了 Fuzzy Logic Toolbox(模糊逻辑工具箱),该工具箱以其功能强大、使用方便的特点深受用户的广泛欢迎。

9.2.1　模糊逻辑工具箱的功能特点

模糊逻辑工具箱具有以下功能特点。

1. 易于使用

模糊逻辑工具箱提供了完整地建立和测试模糊逻辑系统的功能函数,包括定义语言变量及其隶属度函数、输入模糊推理规则、整个模糊推理系统的管理以及交互式地观察模糊推理的过程和输出结果。

2. 提供图形化的系统设计界面

在模糊逻辑工具箱中包括以下 5 个图形化的系统设计工具。
(1) 模糊推理系统编辑器。
(2) 隶属度函数编辑器。
(3) 模糊推理规则编辑器。
(4) 系统输入/输出特性曲面浏览器。
(5) 模糊推理过程浏览器。

3. 支持模糊逻辑中的高级技术

这些高级技术主要包括以下几点。
(1) 自适应神经模糊推理系统(Adaptive Neural Fuzzy Inference System,ANFIS)。
(2) 用于模式识别的模糊聚类技术。
(3) 模糊推理方法,包括 Mamdani 型推理方法和 Takagi-Sugeno 型推理方法。

4. 集成的仿真和代码生成功能

模糊逻辑工具箱不但能够实现 Simulink 的无缝连接,而且通过 Real-Time Workshop 能够生成 ANSI 源代码,从而易于实现模糊系统的实时应用。

5. 独立运行的模糊推理机

在用户完成模糊逻辑系统的设计后,可以将设计结果以 ASCII 码文件的形式保存;利用模糊逻辑工具箱提供的模糊推理机,可以实现模糊逻辑系统的独立运行或者作为其他应用的一部分运行。

9.2.2　模糊推理系统的基本类型

在模糊推理系统中,模糊模型有两种。
(1) 一种是模糊系统的标准模型或 Mamdani 模型,它的模糊规则具有以下形式:

IF x1 is A1 and x2 is A2 and...and　xn is An THEN y is B

其中,Ai(i=1,2,…,n)为输入模糊语言值;B 为输出模糊语言值。

基于 Mamdani 模型的模糊逻辑系统的原理如图 9-1 所示。图中的模糊规则库由若干 IF…THEN…规则组成。模糊推理在模糊推理系统中起核心作用,它将输入模糊集合按照模糊规则映射成输出模糊集合。它提供了一种量化专家语言信息以及在模糊逻辑原则下系统地利用该语言信息的一般化模式。

图 9-1 基于 Mamdani 模型的模糊逻辑系统的原理框图

(2) 另一种是模糊系统的 Takagi-Sugeno(高木—关野)模型。它采用以下形式的模糊规则,即

$$\text{IF } x1 \text{ is } A1 \text{ and } x2 \text{ is } A2 \text{ and…and } xn \text{ is } An \text{ THEN } y = \sum_{i=1}^{n} cixi$$

其中,$Ai(i=1,2,…,n)$为输入模糊语言值;$ci(i=1,2,…,n)$为真值参数。Takagi-Sugeno 型模糊逻辑系统的输出量 y 是精确值。这类模糊逻辑系统的优点是输出量可用输入值的线性组合来表示,因而能够利用参数估计方法来确定系统的参数 $ci(i=1,2,…,n)$。同时,可以应用线性控制系统的分析方法来近似分析和设计模糊逻辑系统。

9.2.3 模糊逻辑系统的构成

构造一个模糊逻辑系统,首先弄清楚它的组成。一个典型的模糊逻辑系统主要有以下组成部分。

(1) 输入与输出语言变量,包括语言值及其隶属度函数。

(2) 模糊规则。

(3) 输入量的模糊化方法和输出变量的去模糊化方法。

(4) 模糊推理算法。

9.3 MATLAB 模糊逻辑工具箱的图形用户界面

MATLAB 模糊逻辑工具箱主要通过 5 个 GUI 工具来建立模糊逻辑推理系统,这 5 个 GUI 工具分别是模糊推理系统编辑器(Fuzzy Logic Designer)、隶属函数编辑器(Membership Function Editor)、模糊规则编辑器(Rule Editor)、规则查看器(Rule Viewer)、表面图像查看器(Surface Viewer),改变其中任意一个窗口的参数设置,其他窗口的参数会自动做出相应的改变。

在 MATLAB 模糊逻辑工具箱中构造一个模糊推理系统的步骤一般如下。

(1) 模糊推理系统对应的数据文件,其后缀为.fis,用于对该模糊系统进行存储、修改和管理。

(2) 确定输入、输出语言变量及其语言值。

（3）确定各语言值的隶属度函数，包括隶属度函数的类型与参数。

（4）确定模糊规则。

（5）确定各种模糊运算方法，包括模糊推理方法、模糊化方法、去模糊化方法等。

9.3.1 MATLAB 模糊逻辑工具箱的启动

在 MATLAB 环境下，有两种方法启动 MATLAB 模糊逻辑工具箱，进入模糊推理系统编辑器 Fuzzy Logic Designer。

（1）在 MATLAB 的"命令行"窗口中直接输入 fuzzy 命令启动 MATLAB 模糊逻辑工具箱。

（2）在 MATLAB 的默认操作桌面中选中工具栏 App，打开其下拉菜单，在控制系统设计和分析区选择 Fuzzy Logic Designer，进入模糊推理系统编辑器。

9.3.2 MATLAB 模糊推理系统编辑器的组成与功能

MATLAB 模糊推理系统编辑器的图形界面如图 9-2 所示。

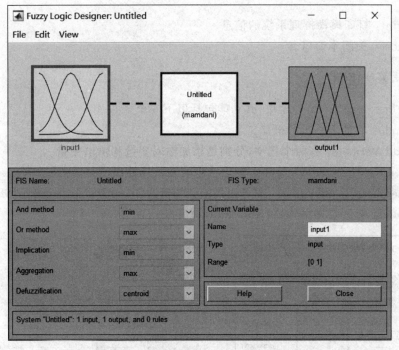

图 9-2 模糊推理系统编辑器图形界面

模糊推理系统编辑器的主要功能是设计和显示模糊推理系统的一些基本信息与参数，如输入/输出变量的命名、推理函数的选择、打开其他编辑窗口等。值得注意的是，模糊推理系统对输入变量和输出变量的数目及其隶属函数数目没有限制。

从图 9-2 中可以看到，在窗口上半部分，以图标的形式列出了模糊推理系统的基本组成部分，即输入模糊变量（Input）、模糊规则（Mamdani）和输出模糊变量（Output）。双击上述图标，可以分别打开输入模糊变量的隶属函数编辑器、模糊规则编辑器、输出模糊变量隶属编辑器的窗口。在窗口的下半部分的左侧,列出了模糊推理系统的名称、类型和一些基本属性,包括与运算(And Method)、或运算(Or Method)、蕴含运算(Implication)、模糊规则的综合运算(Aggregation)及去模糊化(Defuzzification)等,其中模糊推理系统可以采用Mamdani和Sugeno两种类型,模糊化方法有最大隶属度法、中位数法、加权平均法等几种。在窗口下半部分的右侧,列出了当前选定的模糊语言变量(Current Variable)的名称、类型及其论域范围。用户只需用鼠标就可以设定、修改相应属性。

另外,Fuzzy Logic Designer 窗口的菜单主要提供以下功能。

1. 文件菜单(File)

图 9-3 所示为文件(File)菜单,其功能包括以下 5 个。

(1) New FIS:建立一个新的模糊推理系统,有 Mamdani 和 Sugeno 两个基本推理方法,最常用的是 Mamdani 方法。

(2) Import:有两个选项,分别从 MATLAB 工作空间和磁盘上导入模糊推理系统。

(3) Export:有两个选项,将当前模糊推理系统分别导入 MATLAB 工作空间和磁盘上。

(4) Print:打印模糊推理系统的信息。

(5) Close:关闭本窗口。

2. 编辑菜单(Edit)

图 9-4 所示为编辑(Edit)菜单,其功能包括以下 5 个。

(1) Undo:取消上一步的操作。

(2) Add Variable:有两个选项,分别是添加输入变量和输出变量。

(3) Remove Selected Variable:删除选中的输入或输出变量。

(4) Membership Functions:打开隶属函数编辑器(Membership Function Editor)窗口。

(5) Rules:打开规则编辑器(Rule Editor)窗口。

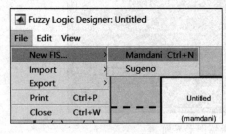

图 9-3　文件(File)菜单

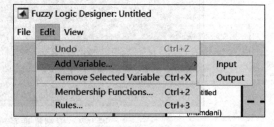

图 9-4　编辑(Edit)菜单

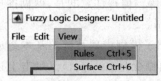

图 9-5　视图(View)菜单

3. 视图菜单(View)

图 9-5 所示为视图(View)菜单,其功能包括以下两个。

(1) Rules:打开模糊规则查看器(Rule Viewer)窗口。

(2) Surface:打开模糊系统输入/输出表面图像查看器(Surface Viewer)窗口。

9.3.3　MATLAB 隶属函数编辑器的组成与功能

MATLAB 隶属函数编辑器的窗口如图 9-6 所示。该窗口提供了一个友好的人机图形交互环境,可以实现对输入/输出语言变量值的隶属度函数类型、参数进行修改、编辑的功能。系统提供的隶属函数有三角形(trimf)、梯形(trapmf)、高斯(gaussmf)等几种,也可由用户自行定义。

从图 9-6 中可知,该窗口上半部分为隶属度函数的图形显示,下半部分为隶属度函数的参数设定界面,包括语言变量的名称、论域,还有隶属度函数的名称、类型和参数。

隶属函数编辑器状态下的菜单项内容与模糊推理系统编辑器功能相似,只是编辑(Edit)菜单功能包括添加隶属度函数、添加定制的隶属度函数及删除隶属度函数等,如图 9-7 所示。

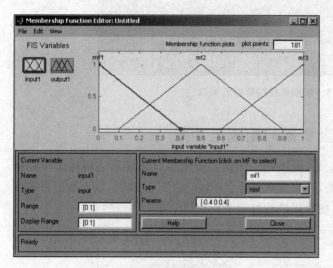

图 9-6　隶属函数编辑器的窗口

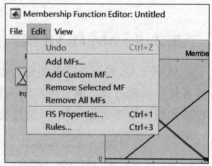

图 9-7　隶属函数编辑器窗口的
编辑(Edit)菜单

9.3.4　MATLAB 模糊规则编辑器的组成与功能

MATLAB 模糊规则编辑器的窗口如图 9-8 所示。该窗口提供了添加、修改和删除模糊规则的图形界面。用户只需通过交互式的图形环境选择相应的输出语言变量,就可以进行模糊控制规则的设计。另外,还可以为每条规则选择权重,以便进行规则的优化。

从图 9-8 中可知,该窗口上部提供了一个文本编辑窗口,用于模糊规则的输入和修改。模糊规则的形式为"IF 条件 THEN 结论",其中条件可根据该窗口中部左侧输入变量窗口的内容选择,当有两个输入变量时,还可利用该窗口左下角 Connection 部分选择两个输入变量间的关系是或(or)还是与(and);结论可根据该窗口中部右侧输出变量窗口的内容选择,3 个按钮 Delete rule、Add rule 和 Change rule 分别用于删除、增加和修改模糊规则。该窗口中的菜单项内容与模糊推理系统编辑器功能相似。

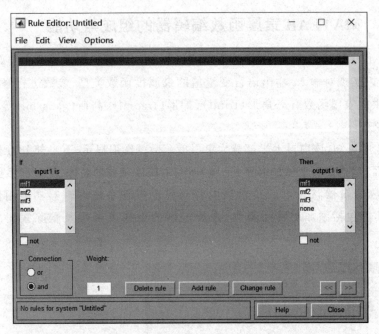

图 9-8　模糊规则编辑器的窗口

9.3.5　MATLAB 规则查看器的组成与功能

MATLAB 规则查看器的窗口如图 9-9 所示。该窗口展示了以图标形式描述的模糊推理系统的推理过程。通过指定输入量,可以直观地显示所采用的控制规则,以及通过模糊推理得到相应输出量的过程,以便对模糊规则进行修改和优化。

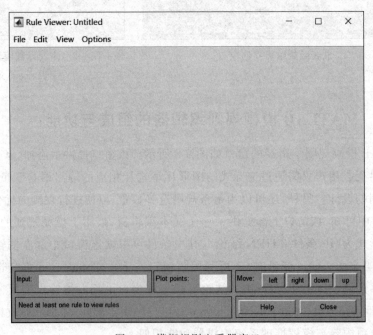

图 9-9　模糊规则查看器窗口

9.3.6　MATLAB 表面图像查看器的组成与功能

MATLAB 表面图像查看器的窗口如图 9-10 所示。该窗口以图形的形式显示模糊推理系统的输入/输出特性曲面。

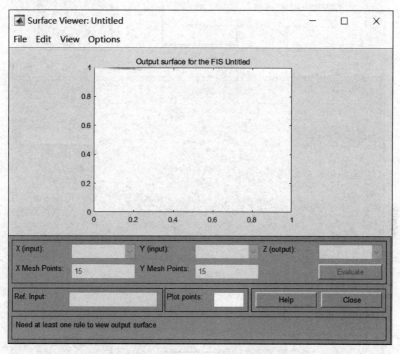

图 9-10　MATLAB 表面图像查看器

9.4　基于 MATLAB 模糊逻辑工具箱的应用示例

【例】 以一个回转窑模糊控制系统为例,说明模糊控制器的设计与仿真过程。假设目标温度为 1000℃,被控对象的传递函数为 $G(s) = \dfrac{k\,\mathrm{e}^{-\theta s}}{\tau s + 1}$,其中 $k=1, \tau=3.5\mathrm{s}, \theta=5\mathrm{s}$,阶跃输入值为 600℃,模糊控制器采用 Mamdani 型,输入误差为 E 及误差变化量为 DE,输出控制量为 U。

进行模糊控制器设计与仿真的过程如下。

(1) 在 MATLAB"命令行"窗口中输入 fuzzy,再按 Enter 键,或者在 MATLAB 的默认操作桌面中选中工具栏 APP 选项,拉开其下拉菜单,在控制系统设计和分析区选择 Fuzzy Logic Designer,进入模糊推理系统编辑器,选择菜单中的 File→New FIS→Mamdani 命令,这样就建立了一个 Mamdani 型的模糊推理系统,如图 9-2 和图 9-3 所示。

(2) 在图 9-11 中,利用模糊推理系统编辑器的 Edit 菜单添加一条输入语言变量,并将两个输入语言和一个输出语言变量的名称分别定义为 E、DE、U。其中,E 表示输入误差,DE 表示误差的变化,U 表示输出控制量。此时的 Fuzzy Logic Designer 窗口如图 9-12 所示。

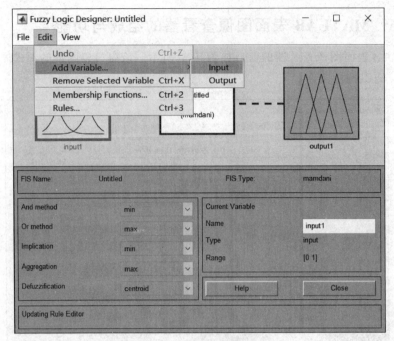

图 9-11　添加输入语言变量

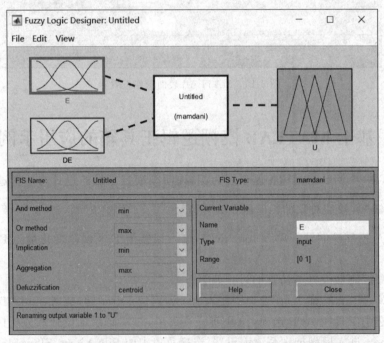

图 9-12　具有两个输入、一个输出的模糊推理系统编辑器窗口

（3）在图 9-12 所示的模糊推理系统编辑器窗口中，分别双击输入 E 和 DE 及输出 U 的图标，可分别打开输入、输出量的隶属度函数编辑器窗口，通过此窗口可以对输入、输出变量的论域范围、各个语言变量的隶属函数形状等参数进行编辑，本例中 3 个变量的隶属函数类型均取三角形（trimf），它们的语言变量值分别为：

E = {NE ZE PSE PME PBE}

DE = {NBDE NMDE NSDE ZDE PSDE PMDE PBDE}

U = {NB NM NS PZ PS PM PB}

输入误差 E 和输入误差变化量 DE 的取值范围如表 9-1 所示。

表 9-1 语言变量 E 和 DE 的取值范围

E 的语言变量值及对应的温度范围	DE 的语言变量值及对应的温度范围
NE≤−100	NBDE≤−5
−100＜ZE≤100	−10＜NMDE≤−1
0＜PSE≤200	−5＜NSDE≤0
100＜PME≤300	−1＜ZDE≤1
PBE≥300	0＜PSDE≤5
	1＜PMDE≤10
	PBDE≥5

以输入误差 E 为例,在图 9-13 中利用隶属度函数编辑器的 Edit 菜单的 Remove All MFs 命令来删除原有的输入变量,依据误差输入 E 的 5 个语言变量值,再选中 Edit 菜单的 Add MFs 命令重新设定新的输入变量,如图 9-14 所示。从弹出的对话框中选择隶属函数数量为 5,如图 9-15 所示,单击 OK 按钮,调整后的输入误差隶属度函数编辑器窗口如图 9-16 所示。

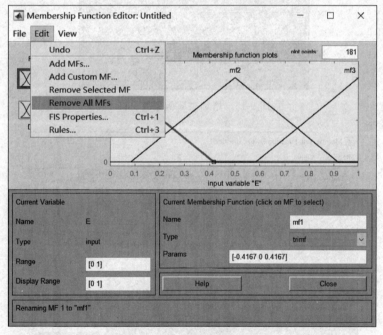

图 9-13 删除原有的隶属函数

在图 9-16 所示的输入误差隶属度函数编辑器窗口中,分别将这 5 个隶属度函数命名为 NE、ZE、PSE、PME、PBE。最后单击 Close 按钮,返回到图 9-12 所示的模糊推理系统编辑器窗口。输入误差变化量 DE、输出控制量 U 的隶属度函数的编辑与输入误差 E 相似,这里不再赘述。

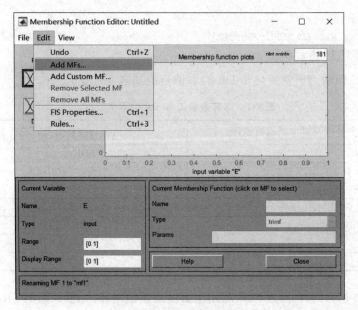

图 9-14　增加隶属函数

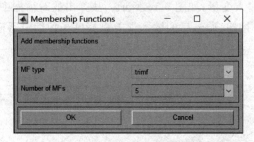

图 9-15　增加隶属函数的窗口

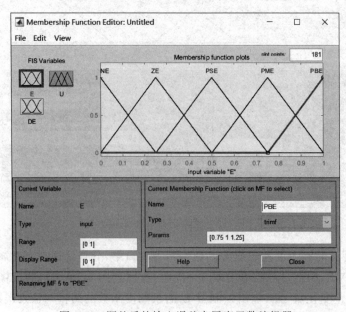

图 9-16　调整后的输入误差隶属度函数编辑器

（4）在图 9-12 所示的窗口中，双击模糊规则图标，将显示图 9-17 所示的模糊规则编辑器窗口，在这个编辑器窗口中，可根据 IF A AND B THEN C 形式的模糊控制规则进行编辑。

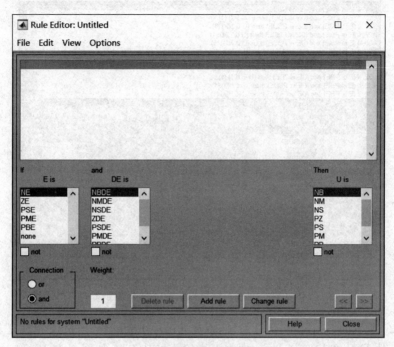

图 9-17 模糊规则编辑器窗口

本例共有控制规则 35 条，每条规则的加权值都为默认值 1，推理算法为推理合成法，解模糊方法采用中位数法。根据专家总结的经验，可得到表 9-2 所示的 FUZZY 控制规则。按照表 9-2 所描述的模糊规则进行编辑的窗口如图 9-18 所示。编辑完成后，单击 Close 按钮，返回图 9-12 所示的窗口。

表 9-2 FUZZY 控制规则表

E \ U \ DE	NE	ZE	PSE	PME	PBE
NBDE	PB	PM	NS	NM	NB
NMDE	PB	PM	NS	NM	NM
NSDE	PB	PM	NS	NS	NM
ZDE	PB	PM	NS	PZ	NS
PSDE	PB	PM	NS	NS	NM
PMDE	PB	PM	NS	NM	NM
PBDE	PB	PB	PS	NM	NB

最后在图 9-12 所示的窗口中，单击 Close 按钮，将设计好的模糊控制器保存在一个名为 ZZ.FIS 的文件中，以便进行 Simulink 仿真时调用。

（5）在图 9-19 所示的 Simulink 的功能模块函数库中，打开模糊逻辑工具箱，选中 Fuzzy Logic Controller 模糊逻辑控制器，将其拖至模型编辑窗口，按照本例控制系统的要

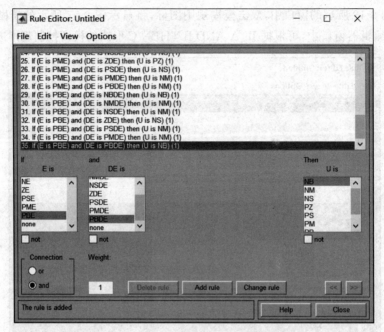

图 9-18　完成模糊规则编辑后编辑器窗口

求组成图 9-20 所示的 Simulink 仿真系统,双击 Fuzzy Logic Controller 模糊逻辑控制器图标,弹出一个对话框,在其 FIS name 文本框中输入"ZZ.fis",如图 9-21 所示。将 ZZ.fis 的文件加载到模糊逻辑控制器模块中,然后设定好仿真时间、步长等参数,即可启动仿真。通过 Scope 观察系统的仿真结果,仿真结果如图 9-22 所示。

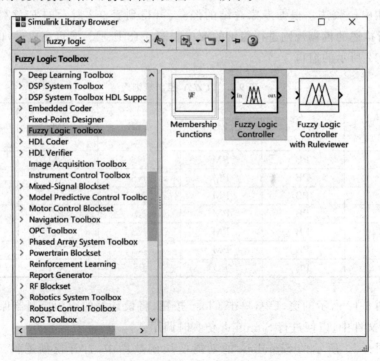

图 9-19　Simulink 的功能模块函数库

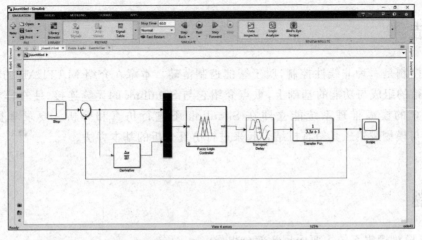

图 9-20 Simulink 下的模糊控制系统

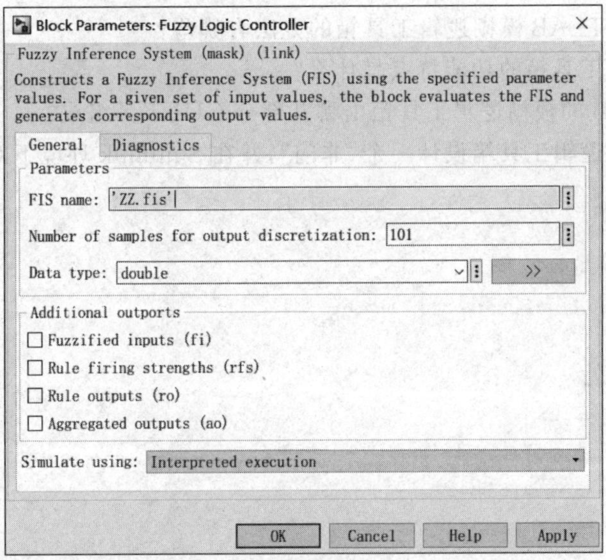

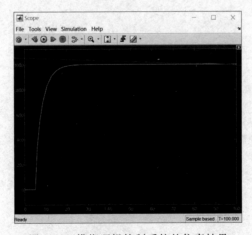

图 9-21 模糊逻辑控制器对话框

图 9-22 模糊逻辑控制系统的仿真结果

小结

模糊控制是一种非线性控制,属于智能控制范畴。本章在介绍 MATLAB 的模糊逻辑控制工具箱的组成与功能的基础上,重点介绍它与 Simulink 的无缝连接,使在模糊逻辑工具箱中建立的模糊推理系统能立即在 Simulink 下进行仿真和分析。要求掌握如何将 Simulink 与模糊逻辑工具箱有机结合起来进行仿真分析的基本方法。

习题

9.1 模糊逻辑系统主要由哪几部分组成?

9.2 模糊逻辑推理系统的基本类型有哪些? 它们对应的模糊规则是什么?

9.3 启动 MATLAB 模糊逻辑工具箱的方法有哪些?

9.4 模糊逻辑工具箱的功能特点是什么?

9.5 MATLAB 的模糊逻辑工具箱由哪几部分 GUI 工具组成?

9.6 利用模糊逻辑工具箱设计一个"非门",并在 Simulink 环境下对它进行仿真。

MATLAB在电路及电力电子中的应用

10.1 SimPowerSystem 简介

Simulink 中的电气系统仿真模块集 SimPowerSystem 主要用于电路、电力电子系统、电机拖动系统、电力传输过程的仿真。利用 SimPowerSystem 进行仿真的方法有以下几个。

10.1.1 SimPowerSystem 启动

（1）在 MATLAB 的"命令行"窗口输入 powerlib 命令，即可打开 SimPowerSystem，如图 10-1 所示。

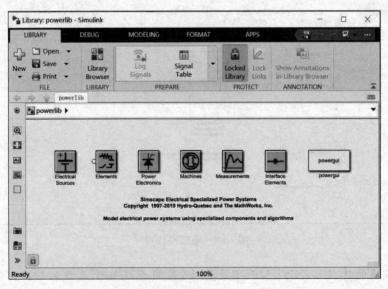

图 10-1　SimPowerSystem 模块集

（2）通过 Simulink 的模块浏览器打开 SimPowerSystem 模块集，如图 10-2 所示。

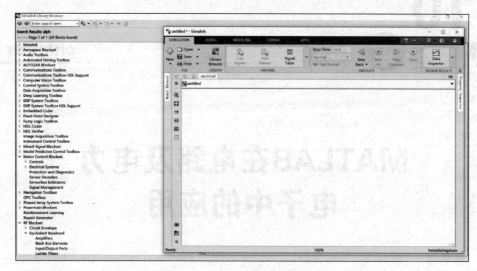

图 10-2　Simulink 的模块浏览器

SimPowerSystem 模块集一般包括电源模块组、电路元件模块组、电力电子模块组、电机模块组，可以用其中的模块直接搭建所需系统模型。

10.1.2　常用模块功能简介

1. 电源模块组

双击电源模块组图标 ![图标]（Electrical Sources），可以打开图 10-3 所示的电源模块组，包括直流电源、交流电源受控源及三相电源。这些模块可以直接作为电路系统的电源。

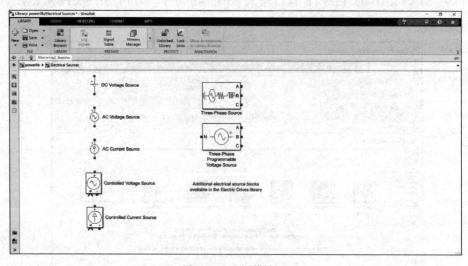

图 10-3　电源模块组

注意：模块的连接端子为□，而不是箭头，表明连接端子无方向性。它不能直接与 Simulink 信号相连，只能通过检测模块转换成 Simulink 信号。

2. 电路元件模块组

双击电路元件模块组图标 （Elements），可以打开图 10-4 所示的电路元件模块组，包括各种电阻、电感和电容元件以及变压器元件；三相电阻、电容、电感元件，传输线，接地端子，连接端子等常用模块。利用这些模块可以方便地搭建仿真模型。

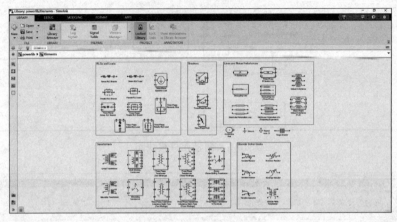

图 10-4　电路元件模块组

单个电阻、电感、电容元件的参数设置在串联和并联分支中是不同的，详见表 10-1。

表 10-1　单个电阻、电感、电容参数设置

元件类型	串联 RLC 分支			并联 RLC 分支		
	电阻数值	电感数值	电容数值	电阻数值	电感数值	电容数值
单个电阻	R	0	inf	R	inf	0
单个电感	0	L	inf	inf	L	0
单个电容	0	0	C	inf	inf	C

3. 测量元件模块组

双击测量元件模块组图标（Measurements），打开图 10-5 所示的模块组，包括电压测量模块，电流测量模块，阻抗测量元件和三相电压，电流测量元件。这些模块的测量结果可以和普通 Simulink 信号一样使用。

4. 电力电子模块组

双击电力电子模块组图标（Power Electronics），打开图 10-6 所示的电力电子模块组，包括二极管、晶闸管、理想开关、电力场效应管、可关断晶闸管、绝缘栅双极晶闸管、多功能桥式电路。利用这些模块可以方便地搭建整流或逆变仿真电路。

5. 电机模块组

双击电机模块组图标（Machines），打开图 10-7 所示的电机模块组，包括异步电机、直流电机、同步电机、电机测量单元、水轮机和调节器等，电机参数单位有标幺值和标准值单位制两种。这些模块可以组成各种电机系统。

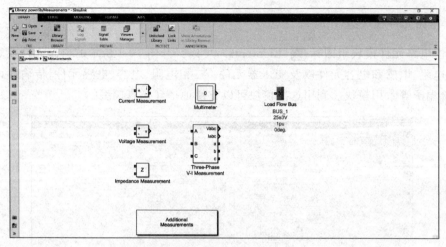

图 10-5　测量元件模块组

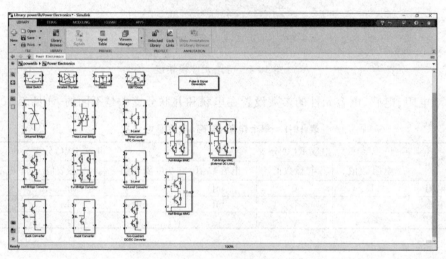

图 10-6　电力电子模块组

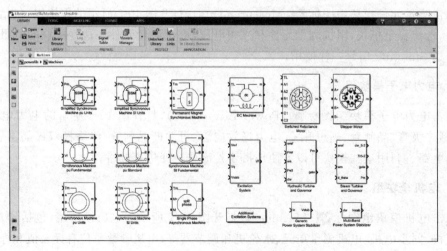

图 10-7　电机模块组

10.2　MATLAB/Simulink 在电路及电力电子中的应用

下面通过几个示例阐述 MATLAB/Simulink 在电路及电力电子中的应用。

【例 10-1】　一个简单的 RC 电路的 Simulink 仿真。其中 $R_1 = 100\Omega, C_1 = 100\mu F, R_2 = 100\Omega, C_2 = 0.01F$，设输入正弦波曲线 $u = 220\sin(5 \times 2t)$，求取输出信号的波形。

利用模型库中元器件组成的 RC 电路的仿真模型如图 10-8 所示。仿真模型中主要使用的元器件名称和提取路径如表 10-2 所示。

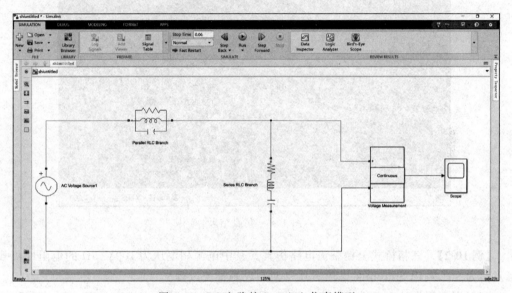

图 10-8　RC 电路的 Simulink 仿真模型

表 10-2　元器件名称及路径

元器件名称	提取元器件路径
电源	Electrical sources/AC voltage sources
串联 RLC	Elements/series RLC branch
并联 RLC	Elements/parallel RLC branch
综合点	Simulink/math operations/sum
示波器	Simulink/sinks/scope

参数设置如下。

电源参数设置：单相交流电源的电压峰值为 200V，频率为 50Hz，相位为 0°。

串联 R_2、C_2 参数设置：电感值为 0；电阻值为 100；电容值为 0.01。

并联 R_1、C_1 参数设置：电感值为 inf；电阻值为 100；电容值为 1e-4。

仿真及仿真结果如下。

设置仿真参数：仿真时间为 0.06s，数值算法采用 ode23t，仿真参数设置完成后即可启动仿真，得到的仿真结果如图 10-9 所示。

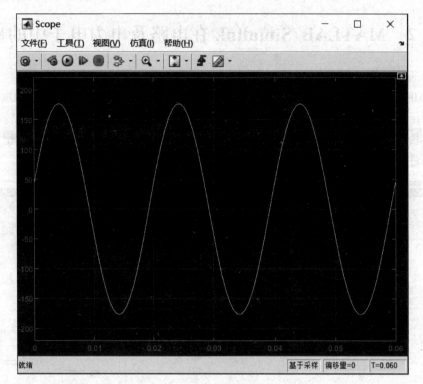

图 10-9　仿真结果

【例 10-2】　三相桥式全控整流电路仿真。其中电源相电压为 $100V$、5Ω 的电阻性负载，触发角为 $30°$，利用 Simulink 搭建仿真模型并观测整流过程。

利用模型库中的电桥模块构成三相桥式全控整流电路的仿真模型如图 10-10 所示。仿真模型中主要使用的元器件名称和提取路径如表 10-3 所示。

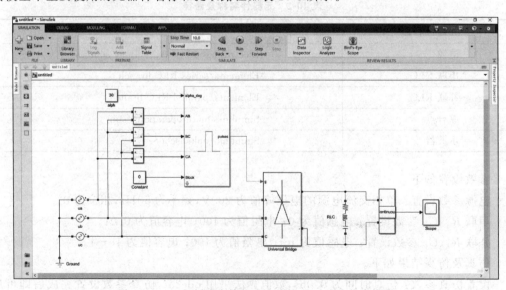

图 10-10　三相桥式全控整流电路的 Simulink 仿真模型

表 10-3　元器件名称及路径

元器件名称	提取元器件路径
电源	Electrical sources/AC voltage sources
串联 RLC	Elements/series RLC branch
三相晶闸管整流器	Extra library/three-phase library/6-pulse thyristor bridge
六脉冲发生器	Extra library/control blocks/synchronized 6-pulse generator
触发角设定	Simulink/sources/constant

参数设置如下。

电源参数设置：三相电源的电压峰值为 100V，频率为 50Hz，相位为 0°、−120°、−240°。

三相晶闸管整流器参数设置：使用默认值。

串联 RLC 负载参数设置：电感值为 0；电阻值为 5；电容值为 inf。

6 脉冲发生器设置：频率为 50Hz，脉冲宽度取 1°，选择双脉冲触发方式。

触发角设置：给定 alph 设置为 30°。

仿真及仿真结果如下。

设置仿真参数：仿真时间为 0.02s，数值算法采用 ode23t，仿真参数设置完成后即可启动仿真，得到的仿真结果如图 10-11 所示。改变控制角（即 alph 的大小）可以观察在不同控制角下整流器的工作情况。

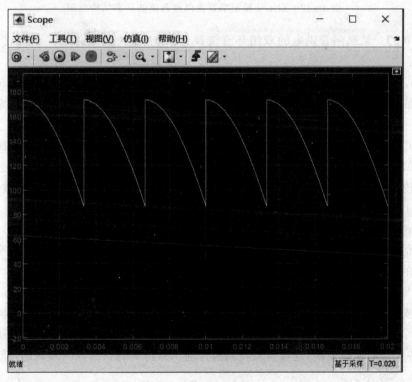

图 10-11　仿真结果

10.3　MATLAB/Simulink 在电机调速系统中的建模与仿真

转速电流双闭环控制的直流调速系统是典型的直流调速系统。其动态结构如图 10-12 所示。双闭环控制直流调速系统的特点是电动机的转速和电流分别由两个独立的调节器进行控制,且转速调节器的输出是电流调节器的输入。因此,电流环能够随转速的偏差调节电动机电枢的电流。当转速低于给定转速时,转速调节器的积分作用使输出增加,即电流给定上升,并通过电流环调节电流增加,从而使电动机获得加速转矩,电动机转速上升。当实际转速高于给定转速时,转速调节器的输出减少,即电流给定减少,并通过电流环调节使电动机电流下降,电动机将因为电磁转矩减少而减速。所以,从结构上来看,这种控制系统属于串级控制系统。

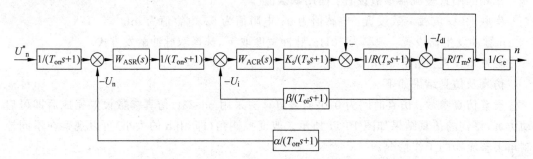

图 10-12　双闭环控制的直流调速系统的动态结构框图

【**例 10-3**】　某晶闸管供电的双闭环直流调速系统,整流装置采用三相桥式电路,基本参数如下。

(1) 直流电动机:220V,136A,1460r/min,$C_e=0.132$,允许过载倍数 $\lambda=1.5$。

(2) 晶闸管放大装置放大系数:$K_s=40$;电枢回路总电阻:$R=0.5\Omega$;时间常数:$T_1=0.03s$,$T_m=0.18s$。

(3) 电流反馈系数:取电流调节器的输出限幅值 10V,则电流反馈系数 $\beta=0.05$($\approx10/1.5I_N$)。

(4) 转速反馈系数:取转速调节器的输出限幅值 10V,则转速反馈系数 $\alpha=0.007$($\approx10/n_N$)。

电流调节器和转速调节器的结构和参数选择对控制系统的性能具有较大影响,可以借助计算机仿真软件来具体观察电流调节器和转速调节器的作用以及结构和参数变化对控制系统性能的影响。

仿真步骤如下。

(1) 依据系统的动态结构框图的仿真模型如图 10-13 所示。仿真模型与系统动态结构框图的各个环节基本上是对应的。根据转速电流双闭环控制的直流调速系统动态结构框图,提取各元件的仿真模块,连接模块得到按传递函数仿真的直流双闭环调速系统的仿真模型如图 10-13 所示。

(2) 按照调节器的工程设计方法设计调节的结构和参数。根据电流超调量 $\sigma_i\leqslant5\%$ 的要求,将电流调节器按典型 I 型系统,取 $k_1T_{\Sigma I}=0.5$,考虑电流反馈中的电流纹波,取电流

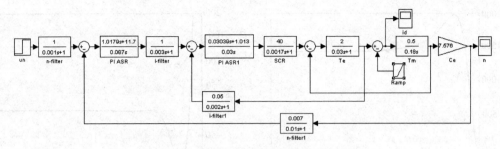

图 10-13 直流双闭环调速系统的仿真模型

滤波时间常数为 2ms，电流调节器选用 PI 调节器。其传递函数为

$$W_{ACR}(s) = \frac{0.03039s + 1.013}{0.03s}$$

为了加快调节速度，将转速调节器按典型 II 型系统，并选取中频段宽度 $h=5$，考虑转速反馈中的电压纹波，取转速滤波时间常数为 3ms，转速调节器选用 PI 调节器。其传递函数为

$$W_{ASR}(s) = \frac{1.0179s + 11.7}{0.087s}$$

（3）建立好仿真模型后就可以开始仿真了。选择开始时间 0s，仿真结束时间 0.5s，由于进行线性连续系统的仿真，所以算法选用 ode45。

（4）启动仿真及分析。

首先，模拟电动机的启动过程，假设电动机启动时转速给定为最大转速，相应于阶跃给定为 10，从仿真结果（见图 10-14 和图 10-15）看，电动机启动时，电流维持在恒定的最大值，电动机转速以最大加速度上升到最高转速，然后转速超调，转速调节器饱和，电流下降到最小值。

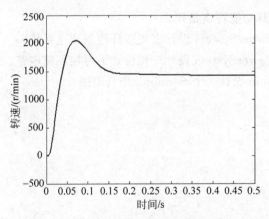

图 10-14 电动机启动过程时的转速变化

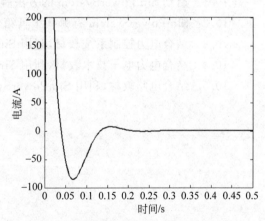

图 10-15 电动机启动过程时的电流变化

其次，观察调节器参数变化对系统性能的影响。假设电流调节器的比例系数由原来计算得到的 1.1031 增大到 2，再次对该调速系统的启动过程进行仿真。仿真结果如图 10-16 和图 10-17 所示。由图可以看到，当电流调节器的比例系数增大时，启动过程中电流的超调明显增大。

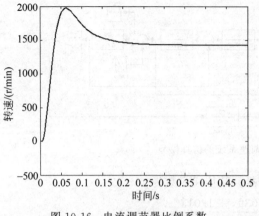

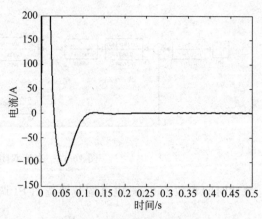

图 10-16　电流调节器比例系数　　　　图 10-17　电流调节器比例系数
　　　　　　增大时的转速变化　　　　　　　　　　　　增大时的电流变化

小结

本章在介绍 MATLAB 的电力系统工具箱的组成与功能的基础上,重点介绍利用电力系统工具箱建立电路、电子及电机控制系统模型,并在 Simulink 下进行仿真和分析。要求掌握如何用 Simulink 实现电路、电子及电机控制系统仿真分析的基本方法。

习题

10.1　启动 SimPowerSystem 的方法有哪些?

10.2　SimPowerSystem 有哪些工具箱? 其功能特点是什么?

10.3　结合电力控制系统教材,利用 SimPowerSystem 设计直流双环控制调速系统。

10.4　结合电力电子技术教材,利用 SimPowerSystem 设计三相桥式不可控整流电路。

10.5　结合电路教材,利用 SimPowerSystem 设计一个 Simulink 仿真电路。

chapter 11

MATLAB在数字信号处理中的应用

11.1 离散时间信号及其运算

11.1.1 离散时间信号的描述

在 MATLAB 中,一般可以用一个列向量来表示有限长度的序列。但是,这样一个向量并没有包含采样时刻的信息,因此一般用两个向量才能完整表示序列 $x(n)$：一个表示采样时刻,一个表示采样值。

【例 11-1】 序列 $x(n)=[3,1,5,0,7]$,用 MATLAB 语句表示为：

```
>> n=[-2 -1 0 1 2];
>> x=[3 1 5 0 7];
>> stem(n,x,'filled'),axis([-4,4,-1,8])
```

得到的对应序列波形如图 11-1 所示。其中在绘制离散时间信号波形时,要使用专门绘制离散数据的 stem() 命令。

当不需要采样位置信息或这个信息多余时,用户可以只使用 x 向量来表示序列。由于内存有限,MATLAB 无法表示一个任意无限序列。

为了分析需要,在数字信号处理中定义并使用一些基本的、典型的序列。表 11-1 列出了常用序列的定义和 MATLAB 表达式。

表 11-1 数字信号的基本序列

序　　列	数学表达式	MATLAB 表达式
单位脉冲序列	$\delta(n)=\begin{cases}1,n=0\\0,n\neq0\end{cases}$	n=[n1:n2]; x=[(n-n0)==0];
单位阶跃序列	$u(n)=\begin{cases}1,n\geqslant0\\0,n<0\end{cases}$	n=[n1:n2]; x=[(n-n0)>=0];

续表

序　列	数学表达式	MATLAB 表达式
正、余弦序列	$x(n) = \cos(\omega n + \theta), \forall\, n$	n = [n1:n2]; x = cos(w * n + θ);
实指数序列	$x(n) = a^n, \forall\, n; a \in R$	n = [n1:n2]; x = a.^n;
复指数序列	$x(n) = e^{(\sigma + j\omega)n}, \forall\, n$	n = [n1:n2]; x = exp((σ + jw) * n);
随机序列		n = [n1:n2]; x = rand(1, n2 − n1);

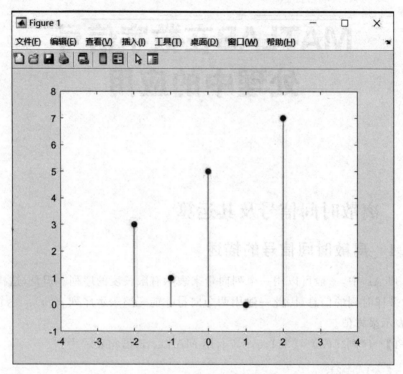

图 11-1　离散序列波形

【例 11-2】　用 MATLAB 生成复数序列：$x(n) = e^{(-0.3 + j0.1)n}$ $(-10 \leqslant n \leqslant 10)$，要求绘制该序列的幅度、相位、实部和虚部图形。

MATLAB 语句如下：

```
>> n = - 10:10;
>> al = - 0.3 + 0.1j;
>> x = 1.5 * exp(al * n);
>> subplot(221)
>> stem(n,real(x));
>> title('实部');
>> subplot(222)
>> stem(n,imag(x));
>> title('虚部');
>> subplot(223)
>> stem(n,abs(x));
>> title('幅度');
```

```
>> subplot(224)
>> stem(n,(180/pi) * angle(x));
>> title('相位');
```

运行后得到图 11-2 所示结果。

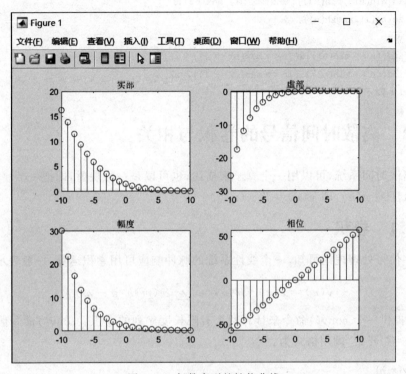

图 11-2　复数序列的性能曲线

11.1.2　离散时间信号的运算

在离散信号处理中,对信号所做的基本运算包括位移、相加、相乘及变换等。表 11-2 列出了一些常用的数学运算。

表 11-2　数字信号的序列运算

运　　算	说　　明
信号的相加	$\{x_1(n)\}+\{x_2(n)\}=\{x_1(n)+x_2(n)\}$
信号的相乘	$\{x_1(n)\} \cdot \{x_2(n)\}=\{x_1(n)x_2(n)\}$
信号的位移	$\{y(n)\}=\{x(n-k)\}$
信号的标量乘	$c\{x_1(n)\}=\{cx_1(n)\}$
信号的能量	$E=\sum\limits_{k=-\infty}^{\infty}\|x(n)\|^2$
信号的反褶	$\{y(n)\}=\{x(-n)\}$
信号的奇偶分解	$\{x(n)\}=\{x_e(n)\}+\{x_o(n)\}$
信号的功率	$P=\lim\limits_{N\to\infty}\dfrac{1}{2N+1}\sum\limits_{-N}^{N}\|x(n)\|^2$

【**例 11-3**】 用 MATLAB 语句编写信号的相加程序。

输入 MATLAB 语句为：

```
>> function = sig_add(x1,n1,x2,n2);              % 实现序列相加，即 y(n) = x1(n) + x2(n)
   n = min(min(n1),min(n2)):max(max(n1),max(n2));
   y1 = zeros(1,length(n));
   y2 = y1;
   y1(find((n > = min(n1))&()n < = max(n1 == 1)) = x1;
   y2(find((n > = min(n2))&()n < = max(n2 == 1)) = x2;
   y = y1 + y2;
```

11.2 离散时间信号的卷积与相关

一个离散时间系统,可以用一个算子来描述,也可以是一种映射,即把一个序列 $x(n)$ 变换为另一个序列 $y(n)$,即 $y(n)=T[x(n)]$。

11.2.1 卷积

由数字信号处理理论可知,一个线性系统的脉冲响应可用卷积运算,一般表示为：

$$y(n)=x(n)*h(n)=\sum_{m=-\infty}^{\infty}x(m)h(n-m)$$

MATLAB 提供一个 conv() 命令来计算两个有限长度序列的卷积。conv() 命令假定两个序列都是从 $n=0$ 开始,调用格式为：

```
y = conv(x,h)
```

【**例 11-4**】 用 MATLAB 语句编写扩展后的卷积命令。

输入 MATLAB 语句为：

```
>> function = conv_m(x,nx,h,nh);
 % [x,nx]为第一信号
 % [h,nh]为第二信号
   ny1 = nx(1) + nh(1);
   ny2 = nx(length(x)) + nh(length(h));
   ny = [ny1:ny2];
   y = conv(x,h);
```

【**例 11-5**】 已知系统为 $h_b(n)=\delta(n)+2.5\delta(n-1)+2.5\delta(n-2)+\delta(n-3)$,信号为 $x_a(t)=Ae^{-anT}\sin(\omega nT)(0\leqslant n<50)$,求信号作用于系统的响应。

MATLAB 语句为：

```
>> n = 1:50;
>> hb = zeros(1,50);
>> hb(1) = 1;bh(2) = 2.5;hb(3) = 2.5;hb(4) = 1;
>> subplot(311);stem(hb);title('系统描述');
>> subplot(311);stem(hb);title('系统描述');
```

```
>> m = 1:50;T0.001;
>> m = 1:50;T = 0.001;
>> A = 444.128;a = 50 * sqrt(2) * pi;
>> w0 = 50 * sqrt(2) * pi;
>> x = A * exp( - a * m * T). * sin(w0 * m * T);
>> subplot(312);stem(x);title('输入信号');
>> y = conv(x,hb);
>> subplot(313);stem(y);title('输出信号');
```

运行后得到的结果如图 11-3 所示。

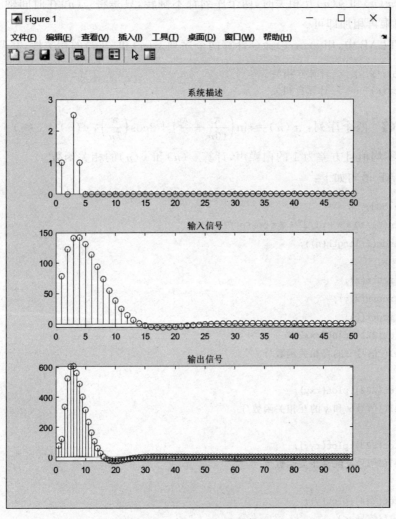

图 11-3　例 11-5 的卷积结果

11.2.2　相关

在数字信号处理中经常要研究两个信号的相关性,或一个信号经过一段延迟后自身的相似性,以实现信号的检测、识别与提取。相关函数是描述随机信号的重要统计量,有着广泛的用途。

相关函数定义为：对于两个长度相同、能量有限的信号 $x(n)$ 和 $y(n)$，称 $r_{xy}(m)=\sum_n x(n)y(n+m)$ 为信号 $x(n)$ 和 $y(n)$ 的互相关函数。若 $y(n)=x(n)$，则互相关函数可以定义成自相关函数，即 $r_{xy}(m)=\sum_n x(n)x(n+m)$。

比较上面的式子，可得到相关和卷积的时域关系为

$$r_{xy}(m)=x(-m)*y(m)$$

同理，对自相关函数，有 $r_x(m)=x(-m)*x(m)$。

在计算 $x(n)$ 和 $y(n)$ 互相关时，两个序列都不翻转，只是将 $y(n)$ 在时间轴上移动后与 $x(n)$ 对应相乘再相加即可。

在 MATLAB 中，用 xcorr()命令计算两个序列 $x(n)$ 和 $y(n)$ 的相关性，其调用格式为：

```
rxy = xcorr(x, y)      计算互相关
rx = xcorr(x)          计算自相关
```

【例 11-6】 两个序列：$x(n)=\sin\left(\dfrac{\pi}{10n}+\dfrac{\pi}{3}\right)+2\cos\left(\dfrac{\pi}{7n}\right)$，$y(n)=x(n)+w(n)$。其中，$w(n)$ 为零均值且方差为 1 的白噪声，计算 $x(n)$ 和 $y(n)$ 的相关函数。

MATLAB 语句如下：

```
>> n = [1:50];
>> x = sin(pi/10 * n + pi/3) + 2 * cos(pi/7 * n);
>> w = randn(1, length(n));
>> y = x + w;
>> rxx = xcorr(x);
>> rxy = xcorr(x, y);
>> ryy = xcorr(y);
>> subplot(221);plot(rxx);
>> xlabel('信号 x 的自相关函数')
>> grid
>> subplot(222);plot(rxy);
>> xlabel('信号 x 和 y 的互相关函数')
>> grid
>> subplot(223);plot(ryy);
>> xlabel('信号 y 的自相关函数')
>> grid
>> subplot(224);plot(y);
>> xlabel('信号 y')
>> grid
```

运行后得到的结果如图 11-4 所示。

从信号 $y(n)$ 中很难分辨出叠加信号 $y(n)$ 中是否含有正、余弦信号，而从其互相关以及自相关函数中可以判断出信号 $y(n)$ 中含有正、余弦分量。故相关函数可以进行噪声中信号的检测、信号中隐含周期性的检测等。

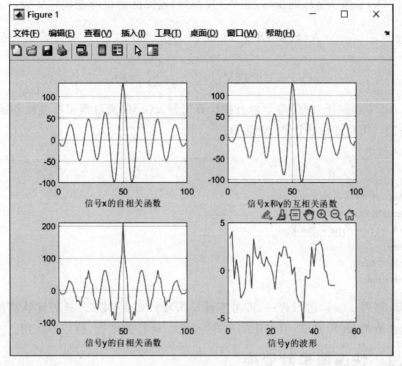

图 11-4 信号的相关函数

11.3 傅里叶变换

傅里叶变换提供了绝对可加序列在频域(w)中的表示方法,Z变换则提供了任意序列在频域的表示方法。这两种变换有两个共同特点:一是变换适用于无限长序列;二是它们是连续变量(w和z)的函数。从数值可计算的角度来看,这些特征是不利的,因为这要计算无限长序列的无限项和。

针对数字计算机只能计算有限长序列这一特点,需要导出一种更有用的变换,即离散傅里叶变换(Discrete Fourier Transform,DFT),它本身也是有限长序列。

由傅里叶分析可知,一个周期函数可由其各谐波分量的线性组合得到,其采样形式变为复数形式,这就是离散傅里叶级数(DFS)表示法。随后将 DFS 推广到有限持续时间序列,产生一个新的变换,称为离散傅里叶变换 DFT。DFT 避免了前面所提及的两个问题,并且它是计算机可实现的数值计算的变换。

离散傅里叶变换 DFT 在理论上有重要意义,长序列的 DFT 数值计算将耗时甚多,因此,有必要探讨快速傅里叶变换 FFT,它在工程数字信号处理中起着重要作用。

11.3.1 离散傅里叶变换

一个离散周期序列,它一定具有既是周期又是离散的频谱,即时域和频域都是离散的、周期的。一般规律是一个域的离散必然造成另一个域的周期延拓。DFS 是周期序列傅里叶级数,DFT 作为周期序列一个周期的、有限长序列的离散傅里叶变换(DFT)。

设序列 $x(n)$ 长度为 M，则 $x(n)$ 的 $N(N \geqslant M)$ 点离散傅里叶变换定义为：

$$X(k) = \mathrm{DFT}[x(n)] = \sum_{n=0}^{N-1} x(n) w_N^{nk}$$

$$x(n) = \mathrm{IDFT}[X(k)] = \frac{1}{N} \sum_{n=0}^{N-1} x(k) w_N^{-nk}$$

MATLAB 中提供了 dft() 命令来直接计算矢量 $\boldsymbol{x}(n)$ 的离散傅里叶变换和逆变换。

【例 11-7】 用矩阵乘法计算 N 点 DFT。

MATLAB 语句为：

```
>> clear;close all;
>> xn = input('请输入序列 x = ');
>> N = length(xn);
>> N = 0:N - 1;k = n;nk = n' * k;
>> Wn = exp( - j * 2 * pi/N);
>> Wnk = Wn.^nk;
>> Xk = xn * Wnk;
```

只要输入序列 $x(n)$，运行程序，即可实现 $x(n)$ 的 N 点 DFT。这种计算离散傅里叶变换的方法概念清楚，编程简单，但占用的内存空间大，运行速度低，所以不实用。

11.3.2 快速傅里叶变换

快速傅里叶变换(FFT)是离散傅里叶变换的快速算法。它是数字信号处理领域中的一项重大突破，它考虑了计算机和数字硬件实现的约束条件，研究了有利于机器操作的运算结构，使 DFT 的计算时间缩短了若干个数量级，还有效地减少了计算所需要的存储容量。FFT 技术的应用极大地推动了数字信号处理理论和技术的发展。

MATLAB 中提供了 fft() 和 ifft() 命令来直接计算矢量 $\boldsymbol{x}(n)$ 的离散傅里叶变换和逆变换。

【例 11-8】 从时域噪声信号中找到频率元素信息。设采样频率为 $1000\,\mathrm{Hz}$，然后设该信号的频率在 $50 \sim 120$ 上，加上随机噪声。

MATLAB 语句为：

```
>> t = 0:0.001:0.6;
>> x = sin(2 * pi * 50 * t) + sin(2 * pi * 120 * t);
>> y = x + 2 * randn(size(t));
>> plot(1000 * t(1:50),y(1:50))
>> title('signal corrupted with zero - mean random noise')
>> xlabel('time (milliseconds)')
>> Y = fft(y,512);
>> p = Y. * conj(Y)/512;
>> f = 1000 * (0:256)/512;
>> f = 1000 * (0:256)/512;plot(f,p(1:257))
>> title('frequency content of y')
>> xlabel('frequency(Hz)')
```

运行后得到的结果如图 11-5 和图 11-6 所示。

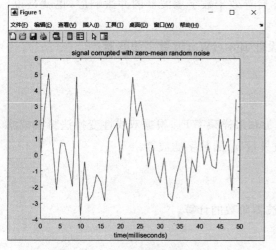

图 11-5　时域噪声信号波形

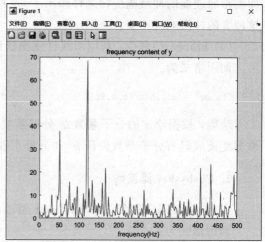

图 11-6　从时域噪声信号中找到频率元素信息

从图 11-5 所示的时域信号中看不到任何有用信息,因此将它变换到频域上,并设定功率谱,然后绘制前 257 个点,其余 255 个点为冗余。从图 11-6 可以看到明显的峰值,这就是频域分析的功效。

11.4　滤波器设计

11.4.1　滤波器设计函数

1. ButterWorth 滤波器

(1) buttord()命令:ButterWorth 滤波器阶数的计算。
调用格式为:

```
[n,Wn] = buttord(WP,WS,RP,RS)
```

功能:在给定滤波器性能的情况下(通带临界频率 W_p、阻带临界频率 W_s、通带内最大衰减 R_p 和最小衰减 R_s),计算 ButterWorth 滤波器的阶数 n 和截止频率 W_n。

(2) butter()命令:ButterWorth 滤波器设计。
调用格式为:

```
[b,a] = butter(n,Wn)
```

功能:根据阶数 n 和截止频率 W_n,计算 ButterWorth 滤波器分子、分母系数(*b* 为分子系数的矢量形式,*a* 为分母系数的矢量形式)。

(3) impinvar()命令:利用冲激不变法设计 ButterWorth 数字滤波器。
调用格式为:

```
[bz,az] = impinvar(b,a,Fs)
```

功能:在给定模拟滤波器参数 b、a 和采样频率 F_s 的前提下,计算数字滤波器的参数。

即模拟滤波器的冲激响应按采样频率 F_s 取样后等效于数字滤波器的冲激响应,也就是说,这两者的冲激响应不变。

(4) bilinear()命令:利用双线性变换法设计 ButterWorth 数字滤波器。

调用格式为:

```
[bz,az] = bilinear(b,a,Fs)
```

功能:根据给定的分子系数 b、分母系数 a 和采样频率 F_s,根据双线性变换法将模拟滤波器变换成具有分子系数矢量 b_z 和分母系数矢量 a_z 的数字滤波器。

2. Chebyshev 滤波器

(1) cheblord()命令:Chebyshev Ⅰ型滤波器阶数的计算。

调用格式为:

```
[n,Wn] = cheblord(WP,WS,RP,RS)
```

功能:在给定滤波器性能的情况下(通带临界频率 W_p、阻带临界频率 W_s、通带内波纹 R_p 和阻带内衰减 R_s),计算 Chebyshev Ⅰ型滤波器的最小阶数 n 和截止频率 W_n。

(2) chebyl()命令:Chebyshev Ⅰ型滤波器设计。

调用格式为:

```
[b,a] = chebyl(n,Rp,Wn)
```

功能:根据阶数 n、带通内波纹 R_p 和截止频率 W_n,计算 Chebyshev 滤波器分子、分母系数(b 为分子系数的矢量形式,a 为分母系数的矢量形式)。

11.4.2 有限冲激响应 FIR 滤波器的窗函数

窗函数设计技术是有限冲激响应 FIR 滤波器设计的主要方法之一,它具有运算简便、物理意义直观的特点。MATLAB 提供了 6 种在工程实际中常用的窗函数,如表 11-3 所示。

表 11-3 常用窗函数

窗 函 数	调用格式	说 明
矩形窗(Rectangle Window)	W＝boxcar(n)	根据长度 n 产生一个矩形窗 W
三角形窗(Triangular Window)	W＝triang(n)	根据长度 n 产生一个三角形窗 W
汉宁窗(Hanning Window)	W＝hanning(n)	根据长度 n 产生一个汉宁窗 W
海明窗(Hamming Window)	W＝hamming(n)	根据长度 n 产生一个海明窗 W
布拉克曼窗(Blackman Window)	W＝blackman(n)	根据长度 n 产生一个布拉克曼窗 W
恺撒窗(Kaiser Window)	W＝kaiser(n,β)	根据长度 n 和影响窗函数旁瓣的 β 参数产生一个恺撒窗 W

11.4.3 MATLAB 实现滤波器设计

【例 11-9】 设计通带频率为 $100 \sim 200\,\mathrm{Hz}$ 的 10 阶 Butter Worth 数字带阻滤波器,采样频率为 $1000\,\mathrm{Hz}$,并画出其脉冲响应。

MATLAB 程序为：

```
>> n = 5;
>> fs = 1000;
>> wn = [100 200]/(fs/2);
>> [b,a] = butter(n,wn,'stop');
>> [y,t] = impz(b,a,81);
>> stem(y);
```

运行结果如下,其脉冲响应如图 11-7 所示。

```
b =
  Columns 1 through 6
    0.3542      - 2.1889      7.1820      - 15.4440      23.9088      - 27.5321
  Columns 7 through 11
   23.9088      - 15.4440      7.1820      - 2.1889      0.3542
a =
  Columns 1 through 6
    1.0000      - 4.9291      12.7949      - 21.9315      27.2673      - 25.4354
  Columns 7 through 11
   18.0236      - 9.5696      3.6787      - 0.9322      0.1254
```

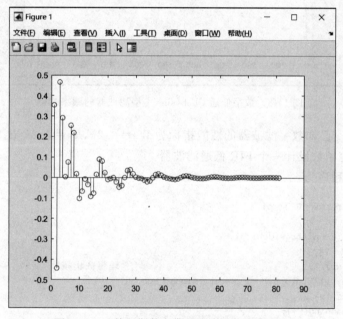

图 11-7　巴特沃斯数字带阻滤波器的脉冲响应

【例 11-10】　设计一个数字低通 Chebyshev I 型滤波器,采样频率 $F_s = 2000\text{Hz}$,所构成的模拟滤波器的指标为: $W_p = 500\text{Hz}, W_s = 600\text{Hz}, R_p = 2\text{dB}, R_s = 30\text{dB}$。

MATLAB 程序为：

```
>> wp = 500;
>> ws = 600;
>> rp = 2;
>> rs = 30;
>> fs = 2000;
```

```
>> [n,wn] = cheb1ord(wp/(fs/2),ws/(fs/2),rp,rs);
>> [b,a] = cheby1(n,rp,wn);
>> [H,W] = freqz(b,a);
>> plot(W * fs/(2 * pi),abs(H))
```

运行结果如图 11-8 所示。

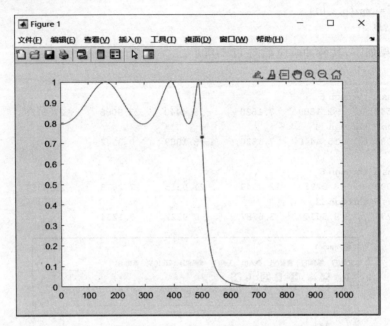

图 11-8　数字低通 Chebyshev I 型滤波器的频率响应

【**例 11-11**】　已知数字滤波器的性能指标为 $W_p = 0.2\pi, R_p = 0.25dB, W_s = 0.3\pi, A_s = 50dB$。要求用窗函数设计一个 FIR 低通滤波器。

MATLAB 程序为：

```
>> wp = 0.2 * pi;ws = 0.3 * pi;
>> tr_width = ws - wp;
>> M = ceil(6.6 * pi/tr_width) + 1;
>> n = [0:1:M-1];
>> wc = (ws + wp)/2;                          % 理想截止频率
>> alpha = (M-1)/2;n1 = 0:M-1;m = n1 - alpha + eps;
>> hd = sin(wc * m)./(pi * m);
>> w_ham = (hamming(M));
>> h = hd.* w_ham';
>> [H,w] = freqz(h,[1],1000,'whole');
>> H = (H(1:501))';
>> w = (w(1:501))';
>> mag = abs(H);
>> db = 20 * log10((mag + eps)/max(mag));
>> pha = angle(H);
>> grd = grpdelay(h,[1],w);
>> delta_w = 2 * pi/1000;
>> Rp = - (min(db(1:1:wp/delta_w + 1)));          % 实际通带波动值
>> As = - round(max(db(ws/delta_w + 1:1:501)));   % 最小化阻值
>> subplot(221);stem(n,hd);title('ideal impluse response');
```

```
>> axis([0 M-1 -0.1 0.3]);xlabel('n');ylabel('hd(n)');
>> xa = 0. * n;
>> hold on;
>> plot(n, xa, 'k');
>> hold off;
>> subplot(222);stem(n, w_ham);title('hamming window');
>> axis([0 M-1 0 1.1]);xlabel('n');ylabel('w(n)');
>> subplot(223);stem(n, h);title('actual impluse response');
>> axis([0 M-1 -0.1 0.3]);xlabel('n');ylabel('h(n)');
>> hold on;
>> plot(n, xa, 'k');
>> hold off;
>> subplot(224);plot(w/pi, db);title('magnitude response in dB');
>> grid;
>> axis([0 1 -100 10]);xlabel('frequency in pi units');ylabel('decibles');
>> disp(['M = ', num2str(M)]);
M = 67
>> disp(['Rp = ', num2str(Rp)]);
Rp = 0.03936
>> disp(['As = ', num2str(As)]);
As = 52
```

从运行结果可知,滤波器的长度为 67,最小阻带衰减为 52dB。由此结果可计算出实际通带波动为 0.03936,这显然满足要求。图 11-9 表示理想状态和实际情况的冲激响应,同时给出了汉宁窗的图像以及在频域上的特征。

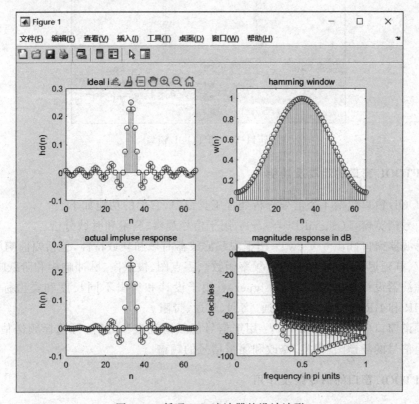

图 11-9　低通 FIR 滤波器的设计波形

11.5 SPTOOL 工具简介

11.5.1 SPTOOL 的工作环境

SPTOOL 是 MATLAB 信号处理工具箱自带的交互式图形用户界面工具,它可以完成以下功能:

- 信号分析。
- 滤波器的设计。
- 滤波器的分析和浏览。
- 频谱的分析。

在 MATLAB 的"命令行"窗口中输入 SPTOOL 命令,将弹出图 11-10 所示的 SPTOOL 信号窗口。

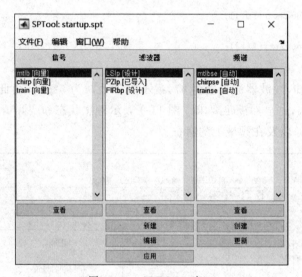

图 11-10　SPTOOL 窗口

1. SPTOOL 窗口的组成及功能

SPTOOL 窗口包括 4 个信号分析处理工具窗口,它们的功能如下。

- 信号浏览窗口(Signal Browser):用于信号观察、测量和时域分析。
- 滤波器窗口(Filter View):用于观察滤波器时域和频域特性,包括幅值响应、相位响应、群延迟(滤波器延迟相对频率函数)、零点图、极点图、脉冲响应和阶跃响应等。
- 滤波器设计窗口(Filter Designer):用于设计和编辑不同长度和类型标准结构的 FIR 和 IIR 滤波器,包括低通、高通、带通、带阻。
- 频谱窗口(Spectrum View):用于信号的频谱观察和分析,可选择频谱估计方法产生信号的频谱图,观察、修改和测量信号的频谱。

2. SPTOOL 窗口的命令条及作用

SPTOOL 窗口所包括的信号分析处理工具窗口中均有命令条,其作用如下。

（1）信号浏览窗口的命令条的作用。

查看：用来激活信号浏览窗口。

（2）滤波器窗口的命令条的作用。

- 查看：用来激活滤波器窗口。
- 新建：用来激活滤波器窗口并设计新的滤波器。
- 编辑：用来激活滤波器窗口并编辑一个由 SPTOOL 设计的滤波器，改变它的某些参数。
- 应用：应用一个选定的滤波器对一个选定信号进行处理，产生一个新的信号。

（3）频谱窗口的命令条的作用。

- 查看：用来激活频谱窗口，观察已存在的信号频谱。
- 创建：用来激活频谱窗口，产生所选定信号的频谱。
- 更新：用于更新已选定信号频谱并用现选定信号的频谱所取代。

3. SPTOOL 窗口的命令菜单及作用

SPTOOL 窗口的命令菜单有文件、编辑、窗口和帮助，其作用如下。

（1）文件菜单。

- 打开会话：打开已存在扩展名为.spt 的 SPTOOL 窗口。
- 导入：从磁盘或 MATLAB 工作空间输入信号、滤波器和频谱，它们必须是.mat 文件形式。
- 导出：向 MATLAB 工作空间或磁盘输出信号、滤波器和频谱的结构参数。
- 保存会话、会话另存为：存放当前 SPTOOL 窗口中带.spt 扩展名的 mat 文件。
- 预设项：设置信号频谱分析与滤波设计工具性能。
- 关闭：关闭 SPTOOL 窗口。

（2）编辑菜单。

- 生成副本：复制选定的信号、滤波器或频谱。
- 清除：清除选定的信号、滤波器或频谱。
- 名称：给选定的信号、滤波器或频谱更换名称。
- 采样频率：给选定的信号、滤波器设置采样频率，采样频率设置可有两种形式：一种是数字；另一种是 MATLAB 有效表达式。

（3）窗口和帮助菜单。

窗口和帮助菜单与常规窗口命令一样，这里不再赘述。

11.5.2　信号浏览器

信号浏览器主要完成显示和分析现有信号序列的功能，它主要由以下几部分组成。

- 显示区：用户可在该区域的坐标中进行标记和取样以比较和动态地显示信号。
- 工具栏：具有快速启动信号浏览器的常用功能，并可灵活进行定制。

启动浏览器窗口的方法是，在 SPTOOL 主窗体界面的信号序列列表中选定某种信号序列，然后单击"查看"按钮，将会弹出该信号序列的窗口，如图 11-11 所示。

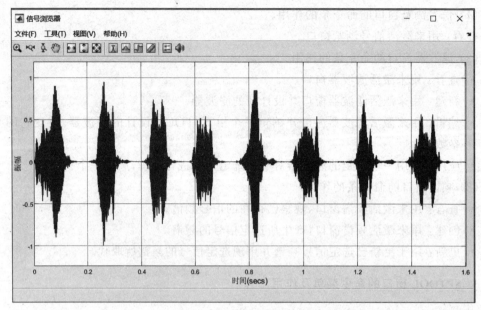

图 11-11　信号浏览器窗口

图 11-12　信号浏览器窗口
的缩放工具

信号浏览器工具栏中的缩放工具如图 11-12 所示。它分为整体缩放和局部选取两种，整体缩放包括横向和纵向放大与缩小按钮；局部选取则单击"选取"按钮，然后在显示区内拖动鼠标，信号浏览器会将鼠标所选定的矩形区域放大，如图 11-13 所示。

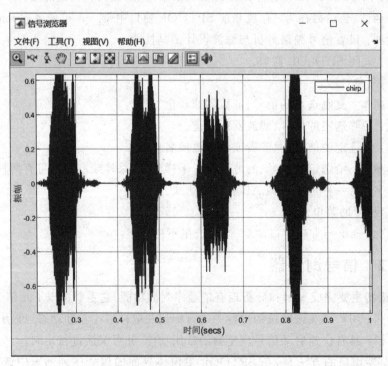

图 11-13　缩放工具的应用

11.5.3　滤波器浏览器和滤波器设计器

1. 滤波器浏览器

用户可以在 SPTOOL 主窗口界面中的滤波器窗口列表中选择 LSlp 滤波器,然后单击下面的"查看"按钮,就可以调出滤波器浏览器,如图 11-14 所示。

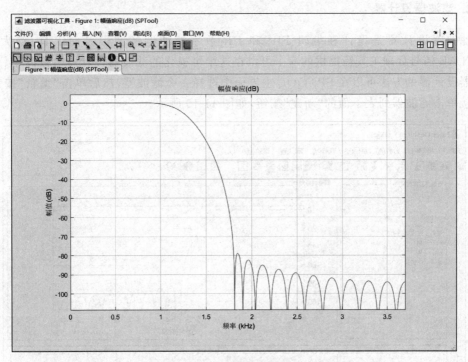

图 11-14　滤波器浏览器窗口

SPTOOL 中自带的滤波器浏览器能够对滤波器的以下特性进行分析。

(1) 幅相响应。

(2) 相位响应。

(3) 脉冲响应。

(4) 阶跃响应。

(5) 群延迟。

(6) Pole/Zero 定位。

此外,滤波器浏览器在图形显示方面还可以实现以下功能。

(1) 滤波器的缩放。

(2) 滤波器响应的评测。

(3) 滤波器响应的层叠。

(4) 修改滤波器显示参数。

滤波器浏览器由以下几部分组成。

(1) 滤波器标志区,包括滤波器的名称、参数以及样本频率信息。

(2) 显示参数区,包括幅相和相位的单位以及群延迟、Pole/Zero 定位、脉冲响应和阶跃响应等。

(3) 频率轴区,默认的参数是线性和$[0, F_s/2]$。

(4) 主显示区,可以显示一个或多个滤波器的图像。

(5) 标记参数区,它与信号浏览器相似,这里不再赘述。

(6) 工具栏,它与信号浏览器相似,这里不再赘述。

2. 滤波器设计器

滤波器设计器是设计和编辑 FIR 和 IIR 数字滤波器的图形界面工具,绝大多数 MATLAB 信号处理工具箱提供的命令可以在这个可视化的滤波器设计器中被调用。调用滤波器设计器的方法可以在 SPTOOL 主界面中选择一个滤波器,然后单击"编辑"按钮,或者直接单击滤波器列表下面的"新建"按钮,如图 11-15 所示。

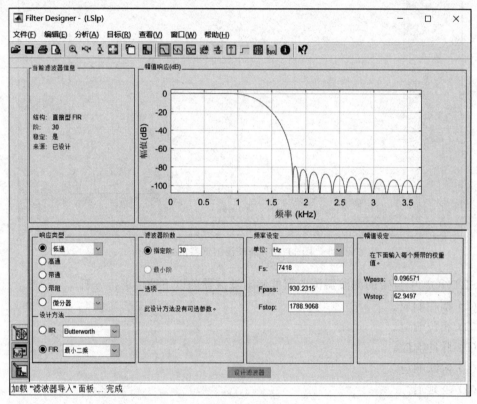

图 11-15 滤波器设计器窗口

滤波器设计器包括以下区域。

(1) 滤波器类型选择区(Filter type)。

• Low pass(低通)

• High pass(高通)

• Band pass(带通)

• Band stop(带阻)

• 其他滤波器(微分器、Hilbert、IIR 滤波器)。

（2）滤波器设计算法选择区（Design Method）。

* ButterWorth（巴特沃斯）
* Chebyshev Ⅰ（切比雪夫Ⅰ型）
* Chebyshev Ⅱ（切比雪夫Ⅱ型）
* Elliptic（椭圆），FIR 滤波器
* Equiripple（等纹波），FIR 滤波器
* Least Square（最小二乘拟合），FIR 滤波器
* Kaiser Window（恺撒窗函数），FIR 滤波器
* Pole/Zero Editor（极点/零点编辑器）

（3）滤波器阶数选择器（Fiter order）。

* Specify order（自定义阶数）
* Minimum order（最优化阶数）

（4）滤波器通带选择区（Frequency Specification）。

* 通带频率 F_p
* 通带波纹 R_p（dB）

（5）滤波器阻带选择区（Magnitude Specification）。

* 阻带频率 F_s
* 阻带衰减 R_s（dB）

单击滤波器显示区下方的"设计滤波器"按钮，滤波器设计完毕。

3. 滤波器的分析

为了对滤波器的时域和频域特性进行观察与分析，滤波器设计器提供了专门的滤波器分析工具区，分别如下。

（1）分析该滤波器的幅度响应图，选择分析菜单中的幅值响应（Magnitude-Response）命令，在滤波器显示区将显示滤波器的幅度响应图。

（2）分析该滤波器的相位响应图，选择分析菜单中的相位响应（Phase-Response）命令，在滤波器显示区将显示滤波器的相位响应图。

（3）分析该滤波器的幅度和相位响应图，选择分析菜单中的幅值响应（Magnitude-Phase-Response）命令，在滤波器显示区将显示滤波器的幅度和相位响应图。

（4）分析该滤波器的群延迟特性，选择分析菜单中的群延迟响应（Group-Delay）命令，在滤波器显示区将显示滤波器的群延迟特性。

（5）分析该滤波器的冲激响应特性，选择分析菜单中的脉冲响应（Impulse-Response）命令，在滤波器显示区将显示滤波器的冲激响应。

（6）分析该滤波器的阶跃响应特性，选择分析菜单中的阶跃响应（Step-Response）命令，在滤波器显示区将显示滤波器的阶跃响应。

（7）分析该滤波器的零极点特性，选择分析菜单中的极点-零点图（Pole/Zero Plot）命令，在滤波器显示区将显示滤波器的零极点特性图。

用户首先选择需要观察、分析的滤波器，然后从滤波器分析工具区里选择相应的特性进行分析。图 11-16 表示滤波器零极点特性。

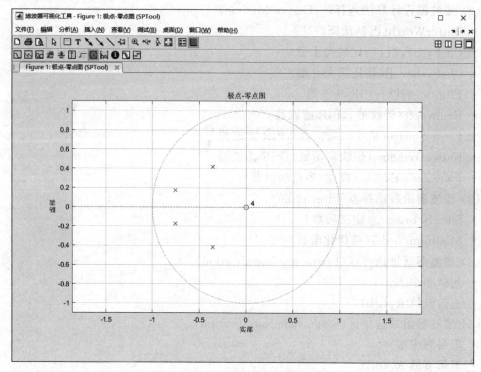

图 11-16　滤波器零极点特性窗口

11.5.4　频谱浏览器

　　频谱浏览器具有分析和估计信号序列的功率频谱密度的功能。它的使用方法为：在SPTOOL 主窗口界面的频谱列表中选定某个频谱，然后单击"查看"按钮，弹出图 11-17 所示的频谱浏览器窗口，也可以单击"创建"按钮创建一个新的频谱。

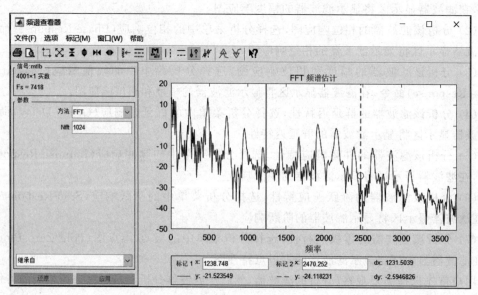

图 11-17　频谱浏览器窗口

频谱浏览器的菜单和工具栏基本与信号浏览器和滤波器浏览器相似。这里仅说明频谱控制即"继承自"下拉菜单,该菜单选择从哪一个频谱继承功率谱密度特性。使用时,"还原"按钮的作用是回到被继承的频谱的设置,"应用"按钮是使新的设计参数生效。

11.5.5　滤波器设计示例

下面通过一个示例来说明滤波器设计器的一般应用步骤。

【例 11-12】　利用滤波器设计器设计一个低通 ButterWorth 滤波器。其参数为:带通波纹为 1dB,带通截止频率为 9000Hz,阻带衰减为 -40dB,阻带大于 -40dB 的边界频率为 24000Hz,采样频率为 48000Hz。

按照前面介绍的调用滤波器设计器的方法,打开设计器的窗口,按照给定的设计参数进行设置,设置完毕后单击"应用"按钮,将得到图 11-18 所示滤波器图像。

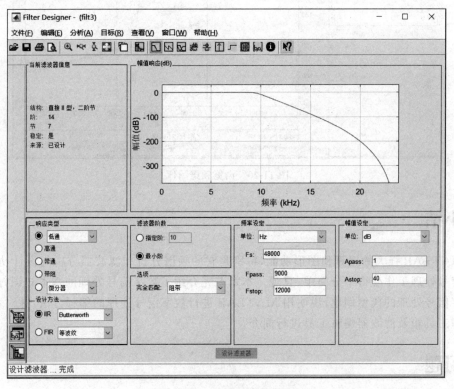

图 11-18　滤波器参数设置

回到 SPTOOL 主界面,选中滤波器列表的 filt3,然后单击滤波器列表下面的"应用"按钮,弹出图 11-19 所示的应用滤波器对话框,保持原有参数不变,并将输出信号命名为 filter1。确定后 filter1[矢量]就会出现在信号列表中。

为了进行频谱分析,在 SPTOOL 主窗口的信号窗口中选择 filter1[矢量],然后单击频谱窗口下面的创建按钮,这时将弹出频谱浏览

图 11-19　"应用滤波器"对话框

器窗口。单击"应用"按钮,将得到如图 11-20 所示的频谱图像。

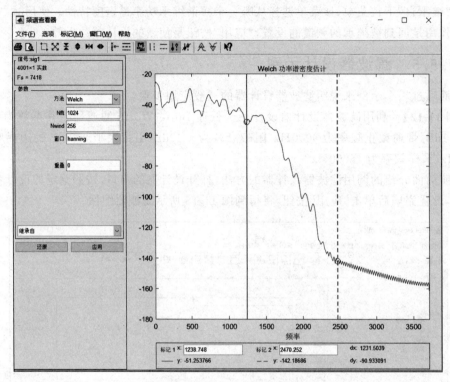

图 11-20　浏览频谱图像

小结

MATLAB 强大的运算和图形功能,特别是它的频谱分析和滤波器分析与设计功能,使数字信号处理工作变得十分简单、直观。本章首先介绍了数字信号处理的基本知识,然后结合数字信号处理的典型例题,说明用 MATLAB 进行数字信号处理的编程方法,并对数字信号处理工具箱及滤波器编辑工具进行简介。

习题

11.1　令 $x(n)=[2,3,4,5,6,7]$,$h(n)=[3,5,3,4,5]$,求 $x(n)$ 和 $h(n)$ 的卷积 $y(n)$。

11.2　用 MATLAB 语句编写一个指数信号 e^t 和一个正弦信号 $\sin10\pi t$ 相乘的程序。

11.3　对信号 $y=\sin100\pi t+\sin240\pi t$ 进行快速离散傅里叶变换,并画出它们的图像。

11.4　设计一个 Butterworth 型高通滤波器,要求:采样频率为 100Hz,通带临界频率 $F_p=30$Hz,通带内衰减小于 0.5dB;阻带临界频率 $F_s=40$Hz,阻带内衰减等于 40dB。

11.5　利用矩形窗设计一个数字 FIR 低通滤波器,其带通截止频率为 $w_s=\pi/4$,单位脉冲 $h(n)$ 的长度 $M=21$,绘制 $h(n)$ 及其幅度响应特性曲线。

11.6　利用滤波器设计工具实现巴特沃斯低通滤波器,要求:采样频率为 10Hz,通带临界频率 $F_p=3$Hz,阻带截止频率 $F_s=4$Hz,通带衰减小于 1dB;阻带衰减大于 20dB。

附录 A   MATLAB 课程设计任务书

一、设计题目

基于 MATLAB-GUI 的永磁同步电动机调速系统仿真平台。

二、设计目的

MATLAB 课程设计的目的是把所学课程内容初步应用到实际系统,巩固和加深对课程基本理论的理解,培养学生独立分析问题和解决问题的能力,提高学生计算机仿真技术的应用水平。

三、设计原则

(1) 简单性:在设计界面时,力求简洁、清晰地体现界面的功能和特征,删去可有可无的一些设计,保持整洁。图形界面要直观,减少窗口数目,避免在不同窗口进行来回切换。

(2) 一致性:要求界面的风格尽量一致,不要和已经存在的界面风格截然相反。

(3) 习常性:设计界面时,应尽量使用人们所熟悉的标志和符号。

(4) 其他因素:注意界面的动态性能,如界面的响应要迅速、连续,对需长时间运算的程序要给出等待时间提示,并允许用户中断运算等。

四、设计步骤

界面的制作包括界面设计和程序实现,其过程不是一步到位的,需要反复修改,才能获得满意的界面,一般设计步骤如下。

步骤 1:分析界面所要求实现的主要功能,明确设计任务。

步骤 2:构思草图,从使用者和功能实现的角度出发,并上机实现。

步骤 3:编写对象的相应程序,对实现的功能进行逐项检查。

五、设计内容

设计一个界面友好的 MATLAB 仿真平台一般包括两部分设计内容:GUI 设计和回调函数代码设计。

1. 永磁同步电动机调速系统的仿真模型

启动 MATLAB 仿真软件,在进入运行环境中的"命令行"窗口提示符中输入 demo,出现 help 界面,在该界面的左侧窗口中双击 Simulink 项,从展开的菜单中再双击 Simpowersystems 项,从展开的菜单中双击 permanent magnet synchronous machine 项,弹出永磁同步电动机调速系统的仿真模型,将该仿真模型复制到相应仿真文件中,本例永磁同步电动机调速系统的仿真模型命名为 tud4。

2. GUI 设计

根据永磁同步电动机调速系统的设计要求,在 MATLAB 仿真环境下,建立一个 figure 窗口,命名为 figure2。该界面由五个静态文本框 Static Text 控件、一个可编辑文本框 Edit Text 控件、两个按键 Push Button 控件和四个坐标轴 Axes 控件组成,其 GUI 界面如图 A-1 所示。

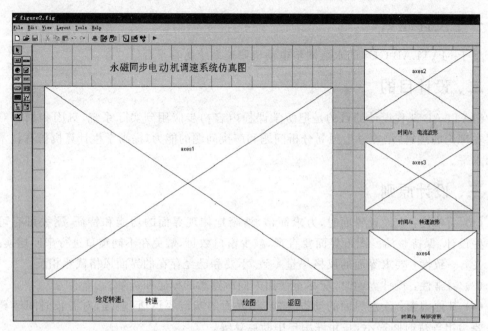

图 A-1 调速系统设计界面

图中,四个坐标轴 Axes 控件用于显示永磁同步电动机调速系统的电流、转速、转矩变化情况及调速系统仿真模型;两个按键 Push Button 控件用于启动仿真运行和退出仿真系统返回上层 GUI 界面;五个静态文本框 Static Text 控件用于描述永磁同步电动机调速系统的电流、转速、转矩及调速系统仿真模型。一个可编辑文本框 Edit Text 控件用于输入调速系统仿真时的给定转速值。

3. 回调函数代码设计

打开 GUI 设计界面中各个控件的属性进行设置,包括控件的 Tag 值、String 值和 Value 值等,编写相应的控件程序代码,实现相应的功能。

(1) 调速系统仿真模型图的显示

调速系统仿真模型图在 GUI 界面上的显示是用一个数轴显示的,程序代码为:

```
I = imread('figure2.bmp','bmp');
axes(handles.axes1);
image(I)
axis off
```

其中 imread() 函数用于读取名为 tud4 的调速系统仿真模型的原理图片;image() 函数用于显示图片;axis off 命令将数轴坐标删掉,为了在指定的坐标轴中显示图形,需采用

axes(handles.axes1)代码来实现。

（2）仿真波形在 GUI 界面中的显示

为了将调速系统中要显示的仿真波形显示在 GUI 界面上，利用 simset()函数把要显示的波形数据导入 Workspace 中，再利用 plot(tout,yout)命令画出图形，为了在 GUI 界面指定的坐标轴中输出图形，只要在 plot 命令执行前添加 axes(handles.axes)代码即可，这样就可以将仿真模型后台与 GUI 界面之间通过 M 文件编程来实现了，具体仿真曲线显示实现的程序为：

```
options = simset('SrcWorkspace','current');
sim('d3',[],options);
axes(handles.axes2);
t1 = i3.time;
y1 = i3.signals.values;
plot(t1,y1)
axes(handles.axes3);
t2 = n3.time;
y2 = n3.signals.values;
plot(t2,y2)
axes(handles.axes4);
t3 = te3.time;
y3 = te3.signals.values;
plot(t3,y3)
```

（3）模型参数的设置

永磁同步电动机调速系统的转速给定值的设置是利用 get 命令来读取可编辑文本框中的转速值来实现的，读取后将句柄 handles.n 的属性'string'的值传递给变量 n，具体实现代码如下。

```
n = str2num(get(handles.n_edit,'string'));
```

GUI 界面上各个控件的属性设置完成后，运行程序得到的 GUI 界面如图 A-2 所示。

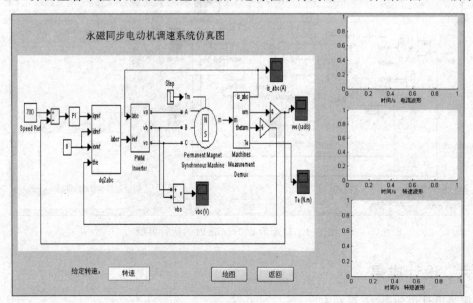

图 A-2　调速系统的运行界面

在 GUI 界面的转速可编辑文本框中输入转速 700r/min,单击绘图按键,在 GUI 界面上分别显示在转速 700r/min 时的永磁同步电动机调速系统的电流、转速和转矩图形,其波形如图 A-3 所示。

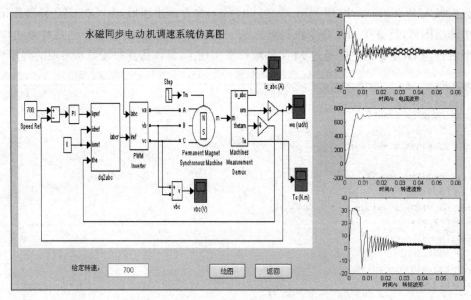

图 A-3　转速为 700r/min 时的运行 GUI 界面

图 A-4 为调速系统仿真平台给定转速为 900r/min 时,在 GUI 界面上分别显示永磁同步电动机调速系统的电流、转速和转矩图形。

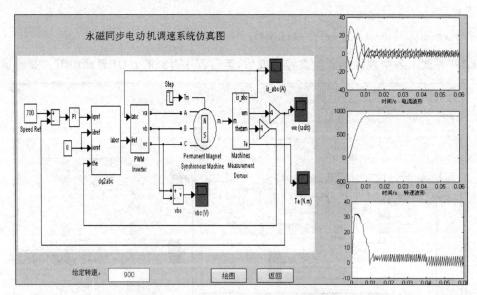

图 A-4　转速为 900r/min 时的运行界面

六、设计成果

撰写设计说明书 10 页左右。

附录 B 部分常用 TeX 字符表

字 符	符号	字 符	符号	字 符	符号
\alpha	α	\psi	ψ	\leq	≤
\beta	β	\pi	π	\geq	≥
\gamma	γ	\rho	ρ	\oplus	⊕
\delta	δ	\sigma	σ	\infty	∞
\epsilon	ε	\tau	τ	\angle	∠
\zeta	ζ	\sim	υ	\cap	∩
\eta	η	\phi	φ	\cup	∪
\theta	θ	\chi	χ	\propto	∝
\iota	ι	\rightarrow	→	\equiv	≡
\kappa	κ	\downarrow	↓	\Sigma	Σ
\lambda	λ	\leftarrow	←	\in	∈
\nu	ν	\uparrow	↑	\pm	±
\mu	μ	\prep	⊥	\approx	≈
\xi	ξ	\mid	‖	\wedge	∧
\omega	ω	\int	∫	\vee	∨
\Delta	Δ	\Gamma	Γ	\surd	√

参 考 文 献

[1] 张平. MATLAB 基础与应用简明教程[M]. 北京：北京航空航天大学出版社,2001.

[2] 李海鹰,邓樱. MATLAB 程序设计教程[M]. 北京：高等教育出版社,2002.

[3] 张铮,杨文平,石博强,等. MATLAB 程序设计与实例应用[M]. 北京：中国铁道出版社,2003.

[4] 王华. MATLAB 在电信工程中的应用[M]. 北京：中国水利水电出版社,2001.

[5] 孙祥,徐流美,吴清. MATLAB 7.0 基础教程[M]. 北京：清华大学出版社,2005.

[6] 董景新,赵长德,熊沈蜀,等. 控制工程基础[M]. 2 版. 北京：清华大学出版社,2003.

[7] 李国勇. 智能控制及其 MATLAB 实现[M]. 北京：电子工业出版社,2005.

[8] 张岳,白霞,孔晓红. 自动控制原理[M]. 北京：清华大学出版社,2005.

[9] 张岳. 基于 MATLAB 的模糊控制系统的设计与仿真[J]. 本溪冶金高等专科学校学报,2004(3)：
21-22.

[10] 梅志红,杨万铨. MATLAB 程序设计基础及其应用[M]. 北京：清华大学出版社,2005.

[11] 易泓可. 电气控制系统设计基础与范例[M]. 北京：机械工业出版社,2005.

[12] 洪乃刚. 电力电子和电力拖动控制系统的 MATLAB 仿真[M]. 北京：机械工业出版社,2006.

[13] 薛年喜. MATLAB 在数字信号处理中的应用[M]. 北京：清华大学出版社,2003.

[14] 董长虹. MATLAB 信号处理与应用[M]. 北京：国防工业出版社,2005.

[15] 张德丰. MATLAB 程序设计与典型应用[M]. 北京：电子工业出版社,2009.

[16] 陈垚光,毛涛涛,王正林,等. 精通 MATLAB GUI 设计[M]. 3 版. 北京：电子工业出版社,2021.

[17] 魏鑫. MATLAB R2020a 从入门到精通[M]. 北京：电子工业出版社,2021.

[18] 张岳. MATLAB 程序设计与应用基础教程[M]. 2 版. 北京：清华大学出版社,2016.